普通高等教育"十三五"规划教材

仪器分析实验

白 玲 石国荣 王宇昕 主编
邢志勇 主审

第二版

YIQI
FENXI
SHIYAN

U0228716

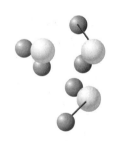

化学工业出版社
·北京·

《仪器分析实验（第二版）》为与《仪器分析》（白玲主编，化学工业出版社）配套的实验教材，共编写了 56 个实验。全书共 13 章，实验内容包括紫外-可见分光光度法、分子荧光分析法、原子发射光谱法、原子吸收光谱法、红外吸收光谱法、电位分析法、电导分析法、电解和库仑分析法、伏安法和极谱法、气相色谱法、高效液相色谱法、实验数据的计算机处理和模拟、其他仪器分析法等。

《仪器分析实验（第二版）》系统性强，内容全面、新颖、简洁明了，便于阅读，可作为高等院校化学、应用化学等化学专业本科生及农学、动物科学、生物工程、环境工程、食品工程等近化学专业本科生开设仪器分析实验课程的教材，同时也可作为其他分析测试人员的参考书。

图书在版编目（CIP）数据

仪器分析实验/白玲，石国荣，王宇昕主编. —2 版.
北京：化学工业出版社，2017.8（2024.1 重印）
普通高等教育"十三五"规划教材
ISBN 978-7-122-29910-9

Ⅰ.①仪…　Ⅱ.①白…②石…③王…　Ⅲ.①仪器
分析-实验-高等学校-教材　Ⅳ.①O657-33

中国版本图书馆 CIP 数据核字（2017）第 133752 号

责任编辑：宋林青　　　　　　　　文字编辑：刘志茹
责任校对：宋　玮　　　　　　　　装帧设计：史利平

出版发行：化学工业出版社（北京市东城区青年湖南街 13 号　邮政编码 100011）
印　　刷：北京云浩印刷有限责任公司
装　　订：三河市振勇印装有限公司
787mm×1092mm　1/16　印张 11　字数 262 千字　　2024 年 1 月北京第 2 版第 8 次印刷

购书咨询：010-64518888　　　　　　售后服务：010-64518899
网　　址：http：//www.cip.com.cn
凡购买本书，如有缺损质量问题，本社销售中心负责调换。

定　　价：25.00 元

《仪器分析实验（第二版）》编写人员

主　编　白　玲　石国荣　王宇昕
副主编　刘文杰　汪徐春　李铭芳　薄丽丽　张成林
编　者

江西农业大学	白　玲　李铭芳　吴东平
	汪小强　廖晓宁
湖南农业大学	石国荣　熊远福　丁春霞　苏招红
东北农业大学	王宇昕　刘豫龙　张玲玲
塔里木大学	刘文杰　白红进　杨玲　孙红专
安徽科技学院	汪徐春　毛杰　朱金坤　唐婧
甘肃农业大学	薄丽丽
黑龙江八一农垦大学	张成林
南昌大学	柳英霞

主　审　邢志勇

《仪器分析实验（第一版)》编写人员

主　编　白　玲　石国荣　罗盛旭

副主编　王宇昕　刘文杰　汪徐春　李铭芳

编　者　（以姓氏拼音排序）

　　　　　白红进　白　玲　李铭芳　梁振益　刘灿明

　　　　　刘文杰　罗盛旭　毛　杰　石国荣　孙红专

　　　　　唐　婧　汪小强　汪徐春　王宇昕　吴东平

　　　　　邢志勇　熊远福　杨　玲　杨晓红　朱金坤

主　审　张永忠

前　言

　　本书第一版于 2010 年出版，2012 年荣获江西省第五届普通高等学校优秀教材二等奖，受到了广大师生与同行的欢迎，自第一版出版发行以来，收到了较好的教学效果。但随着各校实验教学工作的深入开展，教学仪器的不断更新，第一版已不能很好地适应新的教学形式的需要。为此，我们根据自己的教学体会和广泛征集兄弟院校的宝贵意见及建议并参阅国内外同类教材基础上，对第一版进行了修订。

　　对本书第二版的内容，作如下说明：

　　1. 根据各校实验内容的更新，新增了 4 个实验，共编写了 56 个实验，丰富了实验内容。

　　2. 根据各校实验仪器的更新，修改并更新了部分新型仪器设备及操作规程。

　　3. 对第一版内容中的部分疏漏进行了全面修订。

　　本次修订再版由 8 所大学共同完成，由白玲（江西农业大学）、石国荣（湖南农业大学）和王宇昕（东北农业大学）担任主编，参加本书编写工作的有：江西农业大学白玲、李铭芳、吴东平、汪小强、廖晓宁，湖南农业大学石国荣、熊远福、丁春霞、苏招红，东北农业大学王宇昕、刘豫龙、张玲玲，塔里木大学刘文杰、白红进、杨玲、孙红专，安徽科技学院汪徐春、毛杰、朱金坤、唐婧，甘肃农业大学薄丽丽，黑龙江八一农垦大学张成林，南昌大学柳英霞。全书由主编修订统稿，东北农业大学邢志勇主审。

　　本书在编写过程中，得到了各参编学校的大力支持和帮助，同时化学工业出版社对本书给予了高度重视与关心，在此一并致谢。

　　限于编者水平，本书存在的不妥与不当之处，希望同行、专家和使用本书的同学批评指正。

编　者

2017 年 5 月

第一版前言

本书为高等学校"十一五"规划教材。本书根据仪器分析实验教学大纲的要求，汲取了近年来国内外仪器分析和仪器分析实验教材的众多优点编写而成。为适应21世纪高等院校化学类和非化学类本科专业实验教学改革的需要，我们增加了计算机在仪器分析中的应用等实验，以适应国内外仪器分析学科的飞速发展。本书可作为高等院校化学、应用化学等专业本科生及农学、动物科学、生物工程、环境工程、食品工程等非化学专业本科生开设仪器分析实验课程的教材，同时也可作为其他分析测试人员的参考书。

仪器分析实验是仪器分析课程的重要组成部分，是一门实践性很强的学科，是培养学生的基本操作技能，严谨求实的科学态度，观察问题、分析问题和解决问题能力极为重要的环节。编者力求体现教材的科学性、先进性与实用性。本教材符合仪器分析实验教学的要求，系统性强，内容全面、新颖、简洁明了，便于阅读和使用。

全书共13章，共编写了52个实验。实验内容包括紫外-可见分光光度法、分子荧光分析法、原子发射光谱法、原子吸收光谱法、红外吸收光谱法、电位分析法、电导分析法、电解和库仑分析法、伏安法和极谱法、气相色谱法、高效液相色谱法、实验数据的计算机处理和模拟、其他仪器分析法等；在内容上兼顾无机分析、有机分析、成分分析和结构分析等，涉及定性分析、定量分析、物理参数的测定和计算机在仪器分析中的应用等实验。

参加本教材编写的教师均是长期从事仪器分析教学和科研工作的人员，具有丰富的教学经验和较高的学术水平。参加本书编写工作的有：江西农业大学白玲、李铭芳、吴东平、汪小强，湖南农业大学石国荣、熊远福、刘灿明，海南大学罗盛旭、梁振益、杨晓红，东北农业大学王宇昕、邢志勇，塔里木大学刘文杰、白红进、杨玲、孙红专，安徽科技学院汪徐春、毛杰、朱金坤、唐婧。全书由主编修改统稿，东北农业大学张永忠主审。

本书在编写过程中，得到了参编各学校和相关院系的大力支持和帮助，参阅了一些兄弟院校的教材，并吸收了一些内容，在此表示感谢。限于编者水平，难免有疏漏欠妥之处，恳请同行专家和使用本书的同学批评指正，以期再版时改正。

编　　者
2010 年 5 月

目　录

仪器分析实验的基本要求

一、基本要求

1. 了解有关分析方法及其仪器结构的基本原理、仪器的主要组成部件和它们的简单工作过程。

2. 掌握有关分析方法的实验技术，正确使用仪器。未经教师允许不得随意改变操作参数，更不得改换、拆卸仪器的零部件。

3. 了解有关分析方法的特点、应用范围及局限性。学会根据试样情况选择最合适的分析方法及最佳测试条件。

4. 掌握有关分析方法的分析步骤和对测试数据进行处理的方法。

5. 维护实验室的仪器设备，每次实验完成后，要使仪器复原，罩好防尘罩。如发现仪器工作不正常，要做好记录并及时报告，由教师和实验室工作人员进行处理。

二、学生实验规则

1. 实验前要认真预习，明确实验目的、要求、步骤、方法和基本原理，并写好实验预习报告，方能进入实验室。

2. 实验时应遵守实验室各项制度和章程，以保证实验顺利进行和实验室安全。

3. 遵守纪律、不迟到、不早退，保持室内安静。

4. 爱护仪器，节约水、电、试剂等公共财物。

5. 实验过程中，应随时注意地面、桌面、仪器的整洁，火柴、纸张投入废纸篓中，废液只能倒入废液缸中，以免堵塞、腐蚀水槽及下水道。

6. 对实验中的一切现象和数据都应如实地用钢笔记录在报告本上，实验完毕，要将实验报告交给指导教师审阅。

7. 细心地操作分析仪器（紫外、红外光谱仪、原子吸收光谱仪、722 型分光光度计、分析天平等），如有损坏，立即报告指导教师。

8. 完成实验后，要清洗、整理仪器、药品，检查水、电开关，经指导教师检查、同意后，方可离开实验室。

第1章　紫外-可见分光光度法

1.1　基本原理

1.1.1　分子吸收光谱的产生

紫外-可见分光光度法也称紫外-可见吸收光谱法，属分子吸收光谱法，是利用某些物质分子对200～780nm光谱区辐射的吸收进行分析测定的一种方法。紫外-可见吸收光谱是由于分子的价电子在电子能级间跃迁产生的，故也称电子光谱。

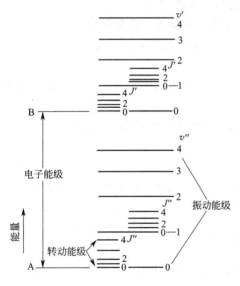

图1.1　双原子分子中电子能级、振动能级和转动能级示意图

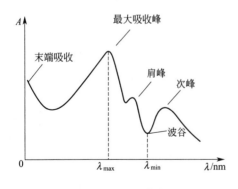

图1.2　吸收曲线

图1.1是双原子分子的能级示意图。图中A是电子能级的基态，B是电子能级的最低激发态。在同一电子能级内，分子的能量会因振动能量的不同而分成若干振动能级（$v=0$、1、2、3、…）。当分子处于某一电子能级中的某一振动能级时，分子的能量还会因转动能量的不同再分为若干转动能级（$J=0$、1、2、3、…）。显然，电子能级的能量差ΔE_e、振动能级的能量差ΔE_v和转动能级的能量差ΔE_r间的相对大小关系为：$\Delta E_e > \Delta E_v > \Delta E_r$。

根据量子理论，如果分子从外界吸收的辐射能（$h\nu$）等于该分子的较高能级与较低能级的能量差时，分子将从较低能级跃迁至较高能级。

当用紫外、可见光照射分子时，产生价电子跃迁，电子能级的跃迁会伴随若干振动能级和转动能级的跃迁，产生的吸收光谱包含了大量谱线，这些谱线很接近，相互叠加，在紫外-可见光谱仪上很难将它们分开，使得实际观察到的电子光谱不是线状，而是由无数条谱线组成的光谱带，因此，紫外-可见吸收光谱属于连续带状光谱。

物质分子的内部结构不同，分子的能级也千差万别，各能级之间的能级差也不同，因此它们会选择性地吸收不同波长的光。如果改变通过某吸收物质入射光的波长，记录该物质在每一波长处的吸光度，然后以吸光度（A）对波长（λ）作图，即得该物质的吸收光谱，亦称为吸收曲线，如图1.2所示。某物质的吸收光谱反映了它在不同的光谱区域内吸收能力的分布情况，吸收曲线的形状、吸收峰的位置、强度及数目为研究物质的内部结构提供了重要的信息。

1.1.2　紫外-可见吸收光谱与分子结构的关系

1.1.2.1　有机化合物

有机化合物的紫外-可见吸收光谱取决于有机化合物分子的结构及分子轨道上电子的性质。

按照分子轨道理论，有机化合物分子中的价电子包括形成单键的 σ 电子、形成重键的 π 电子和非成键的 n 电子。当分子吸收一定能量后，其价电子从能量较低的轨道跃迁至能量较高的反键轨道，如图 1.3 所示，σ、π 表示成键分子轨道；n 表示非成键分子轨道；σ*、π* 表示反键分子轨道。

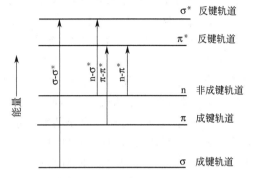

图 1.3　各种电子跃迁相应的吸收峰和能量示意图

一个有机化合物分子对紫外、可见光的特征吸收，可以用最大吸收波长（$\lambda_{\max}$）来表示。图 1.3 定性地表示了几种分子轨道能量的相对大小和各种类型的电子跃迁所需能量大小。从化合物的性质来看，与紫外-可见吸收光谱有关的电子跃迁是 n→σ*、n→π* 和 π→π*。

（1）n→σ* 跃迁　含有杂原子 S、N、O、P、卤素原子的饱和有机化合物都可以发生这种跃迁。n→σ* 跃迁的大多数吸收峰出现在波长 200nm 以下，在紫外区不易观察到这类跃迁。

（2）n→π* 和 π→π* 跃迁　这两类跃迁一般出现在波长大于 200nm 的紫外区，要求有机化合物分子中含有 π 键的不饱和基团，例如碳碳双键、羰基、硝基等。还有一些含有非成键 n 电子的基团，例如—OH、—NH₂、—SH 及卤素元素等。π→π* 跃迁产生强吸收带，摩尔吸光系数可达 10^4 L/(mol·cm)，而 n→π* 跃迁吸收光谱的强度小，摩尔吸光系数一般在 500L/(mol·cm) 以下。

如果有机化合物含有几个生色团（分子中能吸收紫外或可见光的结构单元称为生色团，它是含有非键轨道和 π 分子轨道的电子体系），且生色团之间不产生共轭效应，该化合物的吸收光谱基本上由这些生色团的吸收带所组成。如果有机化合物中含有多个相同的生色团，其吸收峰的波长基本不变，而摩尔吸光系数将随生色团数目增加而增大。如果有机化合物分子中生色团产生共轭，则原有的吸收峰将发生红移，同时摩尔吸光系数也增大。

1.1.2.2　无机化合物

（1）电荷转移吸收光谱　某些无机化合物的分子同时具有电子给予体和电子接受体部分，当辐射照射到这些化合物时，电子从给予体外层轨道跃迁到接受体轨道，这种由于电子转移产生的吸收光谱，称为电荷转移光谱。在配合物的电荷转移过程中，金属离子通常是电子接受体，配位体是电子给予体。许多无机配合物都能发生这种电荷转移光谱。电荷转移光谱的最大特点是吸收强度大，摩尔吸光系数一般超过 10^4 L/(mol·cm)，这为高灵敏度测定某些化合物提供了可能性。

（2）配位体场吸收光谱　过渡元素都有未填满的 d 电子层，镧系和锕系元素含有 f 电子层，这些电子轨道的能量通常是相等的（简并）。当这些金属离子处在配体形成的负电场中时，低能态的 d 电子或 f 电子可以分别跃迁到高能态的 d 轨道或 f 轨道，这两类跃迁分别称为 d 电子跃迁和 f 电子跃迁。由于这两类跃迁必须在配体的配位场作用下才能发生，因此又称为配位体场跃迁，相应的光谱称为配位体场吸收光谱。配位体场吸收光谱通常位于可见光区，强度较弱，摩尔吸光系数为 0.1～100L/(mol·cm)，对于定量分析应用不大，多用于配合物的研究。

在无机分析中，因为金属离子本身的吸光系数值都比较小，所以一般都是利用显色反应使它们生成对紫外或可见光有较大吸收的物质再测定。常见的显色反应类型主要有配位反应、氧化还原反应以及衍生化反应等，其中配位反应应用最广。

利用紫外-可见吸收光谱对物质进行定性和定量分析的方法就是紫外-可见分光光度法。能直接吸收紫外、可见光的物质可直接进行定性、定量分析，而那些不吸收紫外或可见光的物质可利用显色反应使其转化为可吸收紫外、可见光的物质后再进行测定。

1.1.2.3 影响紫外可见吸收光谱的因素

（1）共轭效应　共轭效应使共轭体系形成大 π 键，结果使各能级间能量差减小，跃迁所需能量减小。因此共轭效应使吸收的波长向长波方向移动、吸收强度也随之加强。随着共轭体系的加长，吸收峰的波长和吸收强度呈规律性变化。

（2）助色效应　助色效应使助色团的 n 电子与生色团的 π 电子共轭，结果使吸收峰的波长向长波方向移动，吸收强度随之加强。

（3）超共轭效应　是由于烷基的 σ 键与共轭体系的 π 键共轭而引起的，其效应同样使吸收峰向长波方向移动，吸收强度加强。但超共轭效应的影响远远小于共轭效应的影响。

（4）溶剂的影响　溶剂的极性强弱能影响紫外-可见吸收光谱的吸收峰波长、吸收强度及形状。如改变溶剂的极性，会使吸收峰波长发生变化。溶剂极性增大，由 n→π* 跃迁所产生的吸收峰向短波方向移动，而 π→π* 跃迁吸收峰向长波方向移动。

1.1.3　朗伯-比耳定律

朗伯-比耳（Lambert-Beer）定律是光吸收的基本定律，也是分光光度法定量分析的理论依据和计算基础。当一束平行的单色光通过浓度一定的均匀溶液时，该溶液对光的吸收程度与溶液层的厚度 b 成正比，这种关系称为朗伯定律。当单色光通过液层厚度一定的均匀的吸收溶液时，该溶液对光的吸收程度与溶液的浓度 c 成正比，这种关系称为比耳定律。如果同时考虑溶液浓度与液层厚度对光吸收程度的影响，即将朗伯定律与比耳定律结合起来，则可得

$$A = \lg \frac{I_0}{I} = \lg \frac{1}{T} = kbc \tag{1.1}$$

式（1.1）称为 Lambert-Beer 定律的数学表达式。上式中，I_0、I 分别为入射光强度和透射光强度；A 为吸光度；T 为透射比（旧称透光度或透光率）；b 为光通过的液层厚度；c 为吸光物质的浓度；k 为比例常数，与吸光物质的性质、入射光波长及温度等因素相关。

应用 Lambert-Beer 定律时，应注意：①该定律应用于单色光，既适用于紫外-可见光，也适用于红外光，是各类分光光度法进行定量分析的理论依据；②该定律适用于各种均匀非散射的吸光物质，包括液体、气体和固体；③吸光度具有加和性，指的是溶液的总吸光度等于各吸光物质的吸光度之和。根据这一规律，可以进行多组分的测定及某些化学反应平衡常数的测定。这个性质对于理解分光光度法的实验操作和应用都有着极其重要的意义。

式（1.1）中的比例常数 k 值随浓度 c 所用单位不同而不同。如果 c 的单位为 g/L，k 常用 a 表示，a 称为吸光系数，其单位是 L/(g·cm)，则式（1.1）成为

$$A = abc \tag{1.2}$$

如果浓度 c 的单位为 mol/L，则常数 k 用 ε 表示，ε 称为摩尔吸光系数，其单位是 L/(mol·cm)，此时式(1.2) 成为

$$A = \varepsilon bc \tag{1.3}$$

吸光系数 a 和摩尔吸光系数 ε 是吸光物质在一定条件、一定波长和溶剂情况下的特征常数。同一物质与不同显色剂反应，生成不同的有色化合物时具有不同的 ε 值，同一化合物在不同波长处的 ε 也可能不同。在最大吸收波长处的摩尔吸光系数，常以 ε_{max} 表示。ε 值越大，表示该有色物质对入射光的吸收能力越强，显色反应越灵敏。

Lambert-Beer 定律是紫外-可见分光光度法定量分析的依据。当比色皿及入射光强度一定时，吸光度与待测物质的浓度成正比。

1.2　紫外-可见分光光度计

紫外-可见分光光度计的基本结构都是由五部分组成的，即光源、单色器、吸收池（样品室）、检测器和信号读出装置，如图 1.4 所示。

图 1.4　单波长单光束分光光度计基本结构示意图

1.2.1　仪器主要组成

1.2.1.1　光源

光源的作用是提供分析所需的连续光谱。紫外-可见分光光度计常用的光源有热光源和气体放电灯两种。

热光源有钨灯和卤钨灯。钨灯是可见光区和近红外区最常用的光源，它适用的波长范围为 320～2500nm。钨灯靠电能加热发光。要使钨灯光源稳定，必须对钨灯的电源电压严加控制。需要采用稳压变压器或电子电压调制器来稳定电源电压。卤钨灯即在钨灯中加入适量的卤化物或卤素，灯泡用石英制成。卤钨灯有较长的寿命和较高的发光效率。

紫外区的气体放电灯包括氢灯和氘灯，使用的波长范围为 165～375nm。氘灯的光谱分布与氢灯相同，但其光强度比同功率的氢灯要大 3～5 倍，寿命比氢灯长。

1.2.1.2　单色器

单色器的作用是将光源发出的复合光分解为按波长顺序排列的单色光。它的性能直接影响入射光的单色性，从而影响测定的灵敏度、选择性和校正曲线的线性关系等。单色器由入射狭缝、反射镜、色散元件、聚焦元件和出射狭缝等几部分组成，其关键部分是色散元件，起分光作用。色散元件有两种基本形式：棱镜和光栅。

（1）棱镜　由玻璃或石英制成。玻璃棱镜用于 350～3200nm 的波长范围，它吸收紫外光而不能用于紫外分光光度分析。石英棱镜用于 185～400nm 的波长范围，它可用于紫外-可见分光光度计中作分光元件。物质对光的折射率随着光的频率变化而变化，这种现象称为"色散"。利用色散现象可以将波长范围很宽的复合光分散开来，成为许多波长范围狭小的"单色光"，这种作用称为"分光"。当复合光通过棱镜的两个界面时，发生两次折射，根据折射定律，波长小的偏向角大，波长大的偏向角小，故能将复合光色散成不同波长的单色光。

（2）光栅　光栅有多种，光谱仪中多采用平面闪耀光栅，即在高度抛光的表面（如铝）

上刻划许多根平行线槽而成。当复合光照射到光栅上时，光栅的每条刻线都产生衍射作用，而每条刻线所衍射的光又会互相干涉而产生干涉条纹。光栅正是利用不同波长的入射光产生的干涉条纹的衍射角不同，波长长的衍射角大，波长短的衍射角小，从而使复合光色散成按波长顺序排列的单色光。

1.2.1.3 吸收池

吸收池，也称样品室、比色皿等，用于盛放试液，由玻璃或石英制成。玻璃吸收池只能用于可见光区，而石英池既可用于可见光区，亦可用于紫外光区。一般分光光度计都配有不同厚度的吸收池，有 0.5cm、1.0cm、2.0cm、3.0cm、5.0cm 等规格供选择使用。

1.2.1.4 检测器

检测器是一种光电转换元件，其作用是将透过吸收池的光信号强度转变成电信号强度并进行测量。过去的光电比色计和低档的分光光度计中常用硒光电池。目前，紫外-可见分光光度计中多用光电管和光电倍增管。

（1）光电管　光电管是一个真空或充有少量惰性气体的二极管。根据光敏材料的不同，光电管分为紫敏和红敏两种。前者是镍阴极涂有锑和铯，适用波长范围为 200～625nm；后者阴极表面涂银和氧化铯，适用波长范围为 625～1000nm。

（2）光电倍增管　光电倍增管是利用二次电子发射放大光电流的一种真空光敏器件。它由一个光电发射阴极、一个阳极以及若干级倍增极所组成。图 1.5 是光电倍增管的结构和光电倍增原理示意图。

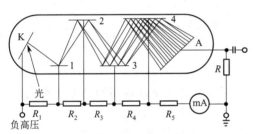

图 1.5　光电倍增管的结构和原理示意图
K—光敏阴极；1～4—倍增极；
R，R_1～R_5—电阻；A—阳极

当阴极 K 受到光撞击时，释放出一次光电子，光电子撞击倍增极产生增加了若干倍的二次光电子，这些电子再与下一级倍增极撞击，电子数依次倍增，经过 9～16 级倍增极，最后一次倍增极上产生的光电子可以比最初阴极放出的光电子多约 10^6 倍，最高可达 10^9 倍。最后倍增了的光电子射向阳极 A 形成电流。阳极电流与入射光强度及光电倍增管的增益成正比，改变光电倍增管的工作电压，可改变其增益。光电流通过光电倍增管的负载电阻 R，即可变成电压信号，送入放大器进一步放大。

（3）光电二极管阵列检测器　20 世纪 80 年代出现了一种新型紫外检测器——二极管阵列检测器，这是紫外可见光度检测器的一个重要进展。这种检测器一般是一个光电二极管对应接受光谱上一个纳米（nm）谱带宽度的单色光。其工作原理为：当复合光透过吸收池后，被组分选择性吸收，透过光具有了组分的光谱特征。此透过光（复合光）被光栅分光后，形成组分的吸收光谱。吸收光谱同时照射到光电二极管阵列装置上，使每个纳米光波的光强变成相应的电信号强度，因信号弱需经多次累加，而后给出组分的吸收光谱。这种记录方式不需扫描，因此最短能在几个毫秒的瞬间内获得吸收光谱。如德国生产的 S-3150PDA 型光电二极管阵列紫外-可见分光光度计，采用 1024 管光电二极管阵列检测器能在 0.02s 内获取 190～1100nm 的全波长数据。

1.2.1.5 信号读出装置

早期的分光光度计多采用检流计、微安表作为显示装置，直接读出吸光度或透射比。近代的分光光度计则多采用数字电压表等显示，或者用 X-Y 记录仪直接绘出吸收（或透射）

曲线，并配有计算机数据处理平台。

1.2.2　几种类型的分光光度计

紫外-可见分光光度计分为单波长和双波长分光光度计两类。单波长分光光度计又分为单光束和双光束分光光度计。

1.2.2.1　单波长单光束分光光度计

单波长单光束分光光度计的基本结构如图 1.4 所示。光源发出的复合光经单色器分光，其获得的单色光通过参比（或空白）吸收池后，照射在检测器上转换为电信号，并调节由读出装置显示的吸光度为零或透射比为 100%，然后将装有被测试液的吸收池置于光路中，最后由读出装置显示试液的吸光度值。这种分光光度计结构简单，价格低廉，操作方便，维修容易，适用于在给定波长处测量吸光度或透射比，一般不能作全波段光谱扫描，要求光源和检测器具有很高的稳定性。

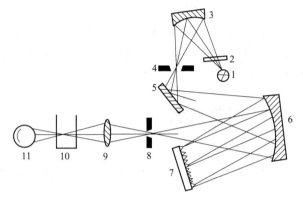

图 1.6　722 型光栅分光光度计光路图
1—卤钨灯；2—滤光片；3,9—聚光镜；
4—入射狭缝；5—反射镜；6—准直镜；7—光栅；
8—出射狭缝；10—吸收池；11—光电管

以 722 型光栅分光光度计为例。它是一种应用较广的简便的可见分光光度计，波长范围为 330～800nm。由钨卤灯光源、单色器、吸收池、光电管以及微电流放大器、对数放大器、数字显示器和稳压电源等部件组成，光路图如图 1.6 所示。

由卤钨灯光源（1）发出的复合光经滤光片（2）后，再经聚光镜（3）至入射狭缝（4）聚焦成像，然后通过平面反射镜（5）反射至准直镜（6）使成平行光后，被光栅（7）色散，再经准直镜聚焦于出射狭缝（8）。调节波长调节器可获得所需的单色光，此单色光通过聚光镜（9）和吸收池（10）后，照射在光电管（11）上，所产生的电流经放大后，由数字显示器可直接读出吸光度 A 或透射比 $T\%$ 或浓度 c。

1.2.2.2　单波长双光束分光光度计

其工作原理为：光经单色器分光后经反射镜分解为强度相等的两束光，一束通过参比池，另一束通过样品池。光度计能自动比较两束光的强度，此比值即为试样的透射比，经对数变换将它转换成吸光度并作为波长的函数记录下来（见图 1.7）。双光束分光光度计一般都能自动记录吸收光谱曲线，进行快速全波段扫描。由于两束光同时分别通过参比池和样品池，能自动消除光源不稳定、检测器灵敏度变化等所引起的误差，特别适合于结构分析。不过仪器较为复杂，价格也较高。

1.2.2.3　双波长分光光度计

其工作原理为：由同一光源发出的光被分成两束，分别经过两个单色器，得到两束不同波长（λ_1 和 λ_2）的单色光；利用切光器使两束光以一定的频率交替照射同一吸收池，然后经过光电倍增管和电子控制系统，最后由显示器显示出两个波长处的吸光度差值 ΔA（$\Delta A = A_{\lambda_1} - A_{\lambda_2}$），$\Delta A$ 与吸光物质的浓度成正比，这是用双波长分光光度法进行定量分析的理论依据（见图 1.8）。由于只用一个吸收池，而且以试液本身对某一波长的光的吸光度

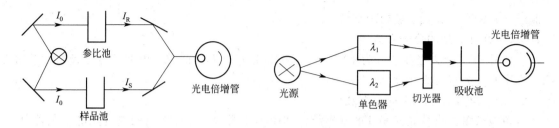

图 1.7　双光束分光光度计原理图　　　　图 1.8　双波长分光光度计原理图

为参比，因此消除了因试液与参比液及两个吸收池之间的差异所引起的测量误差，从而提高了测量的准确度。对于多组分混合物、浑浊试样（如生物组织液）分析，以及存在背景干扰或共存组分吸收干扰的情况下，利用双波长分光光度法，往往能提高方法的灵敏度和选择性。

1.3　实验部分

实验一　高锰酸钾和重铬酸钾混合物各组分含量的测定

【实验目的】

1. 学习和掌握紫外-可见分光光度计的使用方法。
2. 熟悉测绘吸收曲线的一般方法。
3. 学会用解联立方程组的方法，定量测定吸收曲线相互重叠的二元混合物。

【实验原理】

有色溶液对可见光的吸收具有选择性。利用分光光度计能连续变换波长的性能，可以测绘出有色溶液在可见光区的吸收曲线，从吸收曲线上可找出最大吸收波长（λ_{max}），以作为测量时选择波长的依据。

本实验采用溶剂空白为参比，以紫外-可见分光光度计直接进行波长扫描，得出高锰酸钾和重铬酸钾溶液的吸收曲线和测量溶液的吸光度。

一般为了提高检测的灵敏度，λ_1 和 λ_2 应分别选择在 A、B 两组分最大吸收峰处或其附近。根据朗伯-比耳定律和高锰酸钾及重铬酸钾溶液吸收曲线的形状，可选择在 λ_1 为 440nm，λ_2 为 545nm 作为测量波长，测出两单一组分溶液的吸光度，算出两者在两波长下的摩尔吸光系数 ε 值，然后再测量混合物在此两波长下的吸光度。根据吸光度具有加和性，可建立联立方程组：

在波长 λ_1 时：$$A_{\lambda_1}^{A+B} = \varepsilon_{\lambda_1}^{A} bc^{A} + \varepsilon_{\lambda_1}^{B} bc^{B}$$

在波长 λ_2 时：$$A_{\lambda_2}^{A+B} = \varepsilon_{\lambda_2}^{A} bc^{A} + \varepsilon_{\lambda_2}^{B} bc^{B}$$

上两式中，$A_{\lambda_1}^{A+B}$、$A_{\lambda_2}^{A+B}$ 分别是波长 λ_1、λ_2 时，组分 A 和 B 混合溶液的吸光度；$\varepsilon_{\lambda_1}^{A}$、$\varepsilon_{\lambda_1}^{B}$ 分别是波长 λ_1 时，组分 A 和 B 溶液的摩尔吸光系数；$\varepsilon_{\lambda_2}^{A}$、$\varepsilon_{\lambda_2}^{B}$ 分别是波长 λ_2 时，组分 A 和 B 溶液的摩尔吸光系数；c^{A}、c^{B} 分别是 A、B 两组分的浓度；b 为液层厚度。解联立方程组即可求出 A、B 两组分各自的浓度 c^{A} 和 c^{B}。

【仪器和试剂】

1. 紫外-可见分光光度计或可见分光光度计。

2. 吸收池（又称比色皿），滤纸片，擦镜纸。

3. $KMnO_4$ 溶液（2.00×10^{-4} mol/L，其中含 0.25mol/L H_2SO_4）。

4. $K_2Cr_2O_7$ 溶液（1.20×10^{-3} mol/L，其中含 0.25mol/L H_2SO_4）。

5. $KMnO_4$ 和 $K_2Cr_2O_7$ 混合溶液。

6. H_2SO_4 溶液（0.25mol/L）。

【实验步骤】

1. 仔细阅读仪器操作说明书，在教师指导下，开启仪器。测量之前应让仪器充分预热。

2. 在教师的指导下设定仪器扫描参数。

3. $KMnO_4$ 溶液吸收曲线的测绘

以 0.25mol/L H_2SO_4 为参比，在波长 400～600nm 范围内进行波长扫描，即得到吸收光谱图，找出其最大吸收波长 λ_{max}，以及相对应的吸光度 A（注意手拿比色皿时，只能接触毛玻璃一面），并加以记录。

4. $K_2Cr_2O_7$ 溶液吸收曲线的测绘

按上述同样的操作在同一谱图上扫描出 $K_2Cr_2O_7$ 的吸收曲线，记录最大吸收波长 λ_{max} 及吸光度 A。

5. 取 2.00×10^{-4} mol/L $KMnO_4$ 溶液在 440nm 及 545nm 下测量吸光度 A_{440} 与 A_{545}。根据朗伯-比耳定律分别计算 $KMnO_4$ 在此两个波长下的摩尔吸光系数 ε_{440}（$KMnO_4$）与 ε_{545}（$KMnO_4$）。

6. 同样方法可测出 $K_2Cr_2O_7$ 溶液在 440nm 及 545nm 下测量吸光度 A_{440} 与 A_{545}。分别计算出 $K_2Cr_2O_7$ 溶液的摩尔吸光系数 ε_{440}（$K_2Cr_2O_7$）与 ε_{545}（$K_2Cr_2O_7$）。

7. 同样条件下测量出 $KMnO_4$ 和 $K_2Cr_2O_7$ 混合溶液在此两个波长下的吸光度 A_{440}^{mix} 与 A_{545}^{mix}。

【数据处理】

将以上数据代入联立方程组中，即可求解出混合溶液中 $KMnO_4$ 和 $K_2Cr_2O_7$ 的浓度。

【注意事项】

1. 此仪器为高档分析仪器，请同学们严格按仪器的使用方法进行操作，切忌违反操作规程，损坏仪器。

2. 出现问题及时报告老师，等老师来处理，不要随意开关仪器电源。

3. 操作完毕，退出软件系统，关机。

4. 洗净吸收池，盖上防尘罩，老师检查后，方可离开实验室。

【思考题】

1. 对于两组分混合物的分析测定，在选择测量波长时应注意什么？

2. 何为参比溶液？它有什么作用？本实验能否用蒸馏水作参比溶液？

实验二 紫外吸收光谱法测定苯甲酸的含量

【实验目的】

1. 进一步了解和熟悉紫外-可见分光光度计的原理、结构和使用方法。

2. 掌握紫外吸收光谱法测定苯甲酸的方法和原理。

3. 熟悉标准曲线法测定样品中苯甲酸的含量。

【实验原理】

为了防止食品在储存、运输过程中发生腐败、变质，常在食品中添加少量防腐剂。防腐剂使用的品种和用量在食品卫生标准中都有严格的规定，苯甲酸及其钠盐、钾盐是食品卫生标准允许使用的主要防腐剂之一，其使用量一般在 0.1% 左右。

苯甲酸具有芳香结构，在波长 225nm 和 272nm 处有 K 吸收带和 B 吸收带。在相同条件下，测定苯甲酸（钠）系列标准溶液和样品溶液在最大吸收波长处的吸光度值，采用标准曲线法可求出苯甲酸（钠）的含量。

【仪器和试剂】

1. 紫外光谱仪（UV1600 型或其他型号），1.0cm 石英比色皿，10mL 容量瓶。

2. NaOH 溶液（0.1mol/L）。

3. 苯甲酸钠标准溶液（100μg/mL）：准确称量经过干燥的苯甲酸钠 20mg（105℃干燥处理 2h）于 200mL 容量瓶中，用适量的水溶解后定容。由于苯甲酸在冷水中的溶解速度较慢，可用超声、加热等方法加快苯甲酸的溶解。

4. 市售饮料。

5. 蒸馏水。

【实验步骤】

1. 苯甲酸钠系列标准溶液的配制

分别准确移取苯甲酸钠标准储备溶液 0.20mL、0.40mL、0.60mL、0.80mL 和 1.00mL 于 5 个 10mL 容量瓶中，分别加入 1.00mL 0.1mol/L NaOH 溶液后，用水稀释至刻度，摇匀。

2. 苯甲酸钠最大吸收波长的测定

以试剂空白为参比，用 1cm 石英比色皿，在 200~400nm 波长范围内，以 1nm 为间隔，扫描 6μg/mL 苯甲酸钠标准溶液的吸收曲线，确定最大吸收波长 λ_{max}。

3. 苯甲酸钠标准曲线的绘制

以试剂空白为参比，测定步骤 1 中配制的 5 个标准溶液在 λ_{max} 处的吸光度值，绘制苯甲酸钠标准曲线。

4. 样品溶液的测定

准确移取市售饮料 0.50mL 于 10mL 容量瓶中，用超声波脱气 5min 驱赶二氧化碳后，加入 1.00mL 0.1mol/L NaOH 溶液，用水稀释至刻度，摇匀。以试剂空白为参比，在 λ_{max} 处测定样品溶液的吸光度值，平行测定 2 次，取其平均值记为 A_x。

【数据处理】

1. 根据苯甲酸钠的吸收曲线，确定最大吸收波长 λ_{max}。

2. 绘制标准曲线：以苯甲酸钠标准溶液的吸光度 A 为纵坐标，相应的浓度 c 为横坐标作图，绘制苯甲酸钠标准曲线。

3. 样品溶液中苯甲酸钠含量计算：从标准曲线上查出 A_x 所对应的 c_x 值（或从标准曲线的回归方程计算出 c_x），按下式计算饮料中苯甲酸钠的含量：

$$样品中苯甲酸钠的含量(\mu g/mL) = c_x \times \frac{0.50}{10.00}$$

【注意事项】

1. 试样和工作曲线测定的实验条件应完全一致。

2. 不同牌号的饮料中苯甲酸钠含量不同，移取的样品量可酌量增减。

【思考题】

1. 紫外光谱仪由哪些部件构成？各有什么作用？

2. 本实验为什么要用石英比色皿？为什么不能用玻璃比色皿？

3. 苯甲酸的紫外光谱图中有哪些吸收峰？各自对应哪些吸收带？由哪些跃迁引起？

实验三　双波长法同时测定维生素 C 和维生素 E 的含量

【实验目的】

1. 进一步熟悉和掌握紫外吸收光谱仪的使用方法。

2. 掌握同时测定双组分体系含量的原理和方法。

【实验原理】

维生素 C（抗坏血酸）是一种水溶性的抗氧化剂，而维生素 E（α-生育酚）是一种脂溶性的抗氧化剂。由于它们在抗氧化性能方面具有协同作用，常被作为一种有用的组合试剂用于各种食品中。

吸光度具有加和性，根据两组分吸收曲线的性质，选择两个合适的测定波长，通过解联立方程可以同时测出样品中双组分的含量。本实验中，先测定并计算出维生素 C 和维生素 E 在 $\lambda_{\max}^{V_C}$（λ_1）和 $\lambda_{\max}^{V_E}$（λ_2）处的比例常数 $k_{\lambda_1}^{V_C}$、$k_{\lambda_2}^{V_C}$、$k_{\lambda_1}^{V_E}$ 和 $k_{\lambda_2}^{V_E}$，解下述联立方程（1）和（2），即可同时测出样品中维生素 C 和维生素 E 的含量 c^{V_C} 和 c^{V_E}。

$$A_{\lambda_1} = A_{\lambda_1}^{V_C} + A_{\lambda_1}^{V_E} = k_{\lambda_1}^{V_C} b c^{V_C} + k_{\lambda_1}^{V_E} b c^{V_E} \tag{1}$$

$$A_{\lambda_2} = A_{\lambda_2}^{V_C} + A_{\lambda_2}^{V_E} = k_{\lambda_2}^{V_C} b c^{V_C} + k_{\lambda_2}^{V_E} b c^{V_E} \tag{2}$$

【仪器和试剂】

1. 紫外光谱仪（UV1600 型或 UV-240 型），1.0cm 石英比色皿，100mL、10mL 容量瓶。

2. 维生素 C 标准贮备溶液（200.0μg/mL）：准确称取 20.00mg 维生素 C 于 100mL 容量瓶中，用少量水溶解后，用无水乙醇定容。

3. 维生素 E 标准贮备溶液（400.0μg/mL）：准确称取 40.00mg 维生素 E 于 100mL 容量瓶中，用无水乙醇溶解并定容。

4. 无水乙醇。

【实验步骤】

1. 维生素 C 系列标准溶液的配制：分别取维生素 C 标准贮备溶液 0.20mL、0.40mL、0.60mL、0.80mL、1.00mL 于 5 只 10mL 容量瓶中，用无水乙醇稀释至刻度，摇匀。

2. 维生素 C 吸收曲线的绘制：以无水乙醇为参比，在 200～400nm 范围内测绘出维生素 C 的吸收曲线，确定其最大吸收波长 $\lambda_{\max}^{V_C}$，作为 λ_1。

3. 维生素 E 系列标准溶液的配制：分别取维生素 E 标准贮备溶液 0.20mL、0.40mL、0.60mL、0.80mL、1.00mL 于 5 只 10mL 容量瓶中，用无水乙醇稀释至刻度，摇匀。

4. 维生素 E 吸收曲线的绘制：以无水乙醇为参比，在 200～400nm 范围内测绘出维生素 E 的吸收曲线，确定其最大吸收波长 $\lambda_{\max}^{V_E}$，作为 λ_2。

5. 维生素 C 标准曲线的绘制：以无水乙醇为参比，在波长 λ_1 和 λ_2 处分别测定步骤 1 配制的 5 个维生素 C 标准溶液的吸光度值。

6. 维生素 E 标准曲线的绘制：以无水乙醇为参比，在波长 λ_1 和 λ_2 处分别测定步骤 3 配制的 5 个维生素 E 标准溶液的吸光度值，平行测定两次，取平均值记为 A_{λ_1} 和 A_{λ_2}。

7. 样品液的测定：取样品液 1.00mL 于 10mL 容量瓶中，用无水乙醇稀释至刻度，摇匀，以无水乙醇为参比，在 λ_1 和 λ_2 处分别测其吸光度。

【数据处理】

1. 绘制维生素 C 和维生素 E 的吸收曲线，确定 λ_1 和 λ_2。

2. 分别绘制维生素 C 和维生素 E 在 λ_1 和 λ_2 时的 4 条标准曲线，求出 4 条直线的斜率，即 $k_{\lambda_1}^{V_C}$、$k_{\lambda_2}^{V_C}$、$k_{\lambda_1}^{V_E}$ 和 $k_{\lambda_2}^{V_E}$。

3. 列联立方程组，计算未知液中维生素 C 和维生素 E 的含量。

【注意事项】

抗坏血酸会缓慢地氧化成脱氢抗坏血酸，每次实验时必须配制新鲜溶液。

【思考题】

1. 简述双波长法的测定原理。

2. 如何选择双波长法的测定波长？

3. 使用本方法测定维生素 C 和维生素 E 是否灵敏？解释其原因。

4. 写出维生素 C 和维生素 E 的结构式，并解释一个是"水溶性"，一个是"脂溶性"的原因。

实验四　紫外吸收光谱法鉴定苯酚及其含量的测定

【实验目的】

1. 掌握紫外吸收光谱法进行物质定性分析的基本原理。

2. 掌握紫外光谱法进行定量分析的基本原理。

3. 进一步学习双光束紫外-可见分光光度计的使用方法。

【实验原理】

苯酚是一种有毒物质，可以致癌，已经被列入有机污染物的黑名单。但一些药品、食品添加剂、消毒液等产品中仍含有一定的苯酚。如果其含量超标，就会产生很大的毒害作用。苯酚在紫外光区的最大吸收波长 λ_{max} 在 270nm 处。对苯酚溶液进行扫描时，在 270nm 处有较强的吸收峰。

定性分析的依据：含有苯环和共轭双键的有机化合物在紫外区有特征吸收。物质结构不同对紫外光的吸收曲线不同。最大吸收波长 λ_{max}、最大摩尔吸光系数 ε_{max} 及吸收曲线的形状不同是进行物质定性分析的依据。定量分析的依据：物质对紫外光吸收的吸光度与物质含量之间符合朗伯-比耳定律，即 $A = \varepsilon bc$。

本实验依据苯酚的紫外吸收曲线特征对苯酚进行鉴定，并在 270nm 处测定不同浓度苯酚的标准样品的吸光度值，并自动绘制标准曲线，据此在相同的条件下测定未知样品的吸光度值，求出未知样中苯酚的含量。

【仪器和试剂】

1. 紫外-可见分光光度计（如 TU-1901 型），1cm 石英比色皿，25mL 容量瓶。

2. 苯酚（分析纯）标准溶液（100mg/L）。

3. 待测液。

【实验步骤】

　　1. 定性分析

　　（1）分析溶液的制备　取苯酚 2.5000mg，放入 25mL 容量瓶中，用蒸馏水稀释至刻度，得到 100mg/L 苯酚标准溶液。

　　（2）鉴定　在紫外-可见分光光度计上，用蒸馏水作参比溶液，在 $200\sim500$nm 波长范围内扫描，绘制苯酚标准溶液和待测液的吸收曲线。在待测液的吸收曲线上找出 λ_{max}，并求出 ε_{max} 与其所对应的吸光度的比值，与苯酚标准溶液的吸收曲线及光谱数据表对比，鉴定苯酚。

　　2. 定量分析

　　（1）标准曲线的制作　取 5 个 100mL 容量瓶，分别加入一定量的苯酚（100mg/L），用去离子水定容至刻度，摇匀，配成一系列浓度为 2mg/L、4mg/L、8mg/L、16mg/L、32mg/L 的溶液。用蒸馏水作参比，在选定的最大吸收波长下，分别测定各溶液的吸光度，以吸光度对浓度作图，作出工作曲线。

　　（2）待测液中的苯酚含量　在同样条件下测定其吸光度，根据吸光度在工作曲线上查出苯酚待测液的浓度，并计算出未知液中苯酚的含量。

【数据处理】

　　1. 定性鉴定结果

$\lambda_{max苯酚标液}$/nm	$\lambda_{max待测液}$/nm	$\varepsilon_{max苯酚标液}$	$\varepsilon_{max待测液}$	$\varepsilon_{max苯酚标液}/\varepsilon_{max待测液}$	鉴定结果

　　定性结果分析：从吸收曲线上可以看出，该物质在_____有强吸收，表示含有_____。

　　2. 定量结果

苯酚的量/（mg/L）	2.000	4.000	8.000	16.000	32.000	待测液	待测液中苯酚含量
吸光度 A							

　　据此可知，未知液中苯酚的含量为：_____。

【思考题】

　　1. 紫外-可见分光光度法的定性、定量分析的依据是什么？

　　2. 说明紫外-可见分光光度法的特点及适用范围。

　　3. 讨论共轭效应及溶剂效应是如何影响紫外吸收光谱的。

　　4. 讨论紫外可见吸收曲线的形状、最大吸收波长 λ_{max}、吸收谱带强度及其在定性和定量方面的应用。

实验五　分光光度法测定混合液中 Co^{2+} 和 Cr^{3+} 的含量

【实验目的】

　　1. 通过本实验掌握分光光度法双组分测定的原理和方法。

　　2. 进一步熟练掌握紫外-可见分光光度计的使用。

【实验原理】

　　如果样品中只含有一种吸光物质，根据该物质的吸收光谱曲线，选择适当的吸收波长，根据朗伯-比耳定律，做出标准曲线，可求出未知液中分析物质的含量。如果样品中含有多种吸光物质，一定条件下分光光度法不经分离即可对混合物进行多组分分析。这是因为吸光度具有加和性，在某一波长下总吸光度等于各个组分吸光度的总和。测定各组分的摩尔吸光系数可采用标准曲线法，以标准曲线的斜率作为摩尔吸光系数较为准确。对二组分混合液的测定，可根据具体情况分别测定出各个组分的含量。

① 如果各种吸光物质的吸收曲线不相互重叠，这是多组分同时测定的理想情况，可在各自的最大吸收波长位置分别测定，与单组分测定无异。

② 如果各种吸光物质的吸收曲线相互重叠，根据吸光度加和性原理，在此场合下仍然可以测定出各个组分含量。如本实验中测定 Co^{2+} 和 Cr^{3+} 有色混合物的组成。Co^{2+} 和 Cr^{3+} 吸收曲线相互重叠（如图 1.9 所示），但选择 Co^{2+} 和 Cr^{3+} 的最大吸收波长，根据：

$$A_{\lambda_1} = \varepsilon_{Co^{2+}}^{\lambda_1} bc_{Co^{2+}} + \varepsilon_{Cr^{3+}}^{\lambda_1} bc_{Cr^{3+}}$$

$$A_{\lambda_2} = \varepsilon_{Co^{2+}}^{\lambda_2} bc_{Co^{2+}} + \varepsilon_{Cr^{3+}}^{\lambda_2} bc_{Cr^{3+}}$$

解这个联立方程，即可求出 Co^{2+} 和 Cr^{3+} 的含量。

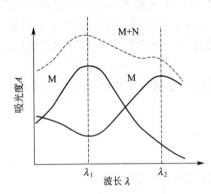

图 1.9 两组分混合物的吸收光谱

【仪器和试剂】

1. 分光光度计，1.0cm 比色皿，50mL 容量瓶，吸量管。

2. $K_2Cr_2O_7$ 溶液（$30\mu g/mL$）。

3. $Co(NO_3)_2$ 标准溶液（0.700mol/L）。

4. $Cr(NO_3)_3$ 标准溶液（0.200mol/L）。

【实验步骤】

1. 标准溶液的配制

学生自行配制 $30\mu g/mL$ $K_2Cr_2O_7$ 溶液、0.700mol/L $Co(NO_3)_2$ 标准溶液和 0.200 mol/L $Cr(NO_3)_3$ 标准溶液各 50mL。

2. 比色皿间读数误差检验

在一组 1cm 玻璃比色皿中加入浓度为 $30\mu g/mL$ 的 $K_2Cr_2O_7$ 溶液，在 550nm 波长下测定透光率。选择透光率最大的比色皿为参比，测定并记录其他比色皿的透光率值，要求所用比色皿间透光率之差不超过 0.5%。

3. 溶液的配制

取 4 只 50mL 容量瓶，分别加入 2.50mL、5.00mL、7.50mL、10.00mL 的 0.700mol/L $Co(NO_3)_2$ 标准溶液；另取 4 只 50mL 容量瓶，分别加入 2.50mL、5.00mL、7.50mL、10.00mL 的 0.200mol/L $Cr(NO_3)_3$ 标准溶液。用蒸馏水稀释至刻度，摇匀。

另取 1 只 50mL 容量瓶，加入未知试样溶液 15mL，用蒸馏水稀释至刻度，摇匀备用。

4. 波长的选择

选用任意一种浓度的 $Co(NO_3)_2$ 标准溶液和 $Cr(NO_3)_3$ 标准溶液（切勿选择母液），分别绘制两者的吸收曲线。

用 1cm 比色皿，以蒸馏水为参比溶液，在 420～700nm 范围内，每隔 20nm 测一次吸光度，最大吸收峰附近多测几点（间隔 2nm 为宜）。将两种溶液的吸收曲线绘在同一坐标系内。根据吸收曲线选择最大吸收波长 λ_1 和 λ_2（以最大吸收峰所对应的波长为最大吸收波长）。

5. 吸光度的测定

以蒸馏水为参比，使用检验合格的一组比色皿，在波长 λ_1 和 λ_2 处分别测量上述配好的 9 个溶液的吸光度。记录数据，将相应吸光度数值填入下表：

波长	Co²⁺				Cr³⁺				混合物
	1 号	2 号	3 号	4 号	1 号	2 号	3 号	4 号	
λ_1									
λ_2									

【数据处理】

1. 根据测定数据，分别绘制 $Co(NO_3)_2$ 标准溶液和 $Cr(NO_3)_3$ 标准溶液的吸收曲线。选择定量测定的波长 λ_1 和 λ_2。

2. 绘制 $Co(NO_3)_2$ 标准溶液和 $Cr(NO_3)_3$ 标准溶液在 λ_1 和 λ_2 处测得的标准曲线（共 4 条）。绘制时，注意坐标分度的选择应使标准曲线的倾斜度在 45°左右（此时曲线斜率最大），且每种物质的标准溶液在不同波长处的工作曲线不得画在同一坐标系内。求出 $Co(NO_3)_2$ 和 $Cr(NO_3)_3$ 在 λ_1 和 λ_2 处的摩尔吸光系数。

3. 将工作曲线中求得的摩尔吸光系数代入方程，计算出未知混合样品溶液中 $Co(NO_3)_2$ 和 $Cr(NO_3)_3$ 的各自浓度。

【注意事项】

做吸收曲线时，每改变一次波长，都应该用空白溶液进行校正。

【思考题】

1. 若组分中含有的组分过多且浑浊，或存在强散射等问题，是否还能采用该方法测定各组分含量？

2. 若同时测定三组分混合溶液，应如何设计实验？

实验六　紫外分光光度法测定水中总酚的含量

【实验目的】

1. 掌握紫外分光光度法测定总酚的原理和方法。
2. 进一步熟悉紫外分光光度计的基本操作技术。

【实验原理】

酚类是工业废水中一种有害物质，如果流入江河，会使水质受到污染，因此在检验饮用水的卫生质量时，需对水中酚含量进行测定。

具有苯环结构的化合物在紫外光区均有较强的特征吸收峰，苯环上的第一类取代基（致活基团）使吸收更强，而苯酚在 270nm 处有特征吸收峰，其吸收程度与苯酚的含量成正比，因此可用紫外分光光度法，根据朗伯-比耳定律直接测定水中总酚的含量。

【仪器和试剂】

1. 紫外分光光度计（岛津 UVmini-1240 型或其他型号），1.0cm 石英比色皿，50mL 容量瓶，吸量管。

2. 苯酚标准溶液（500mg/L）：准确称取 0.0500g 苯酚于 250mL 烧杯中，加去离子水使之溶解，移入 100mL 容量瓶，用蒸馏水稀释至刻度，摇匀。

【实验步骤】

1. 标准系列溶液的配制

取 5 只 50mL 容量瓶，分别加入 1.00mL、2.00mL、3.00mL、4.00mL 和 5.00mL 的

苯酚标准溶液，用蒸馏水稀释至刻度，摇匀待测。

2. 吸收曲线的测量

取上述标准系列溶液中任一溶液，用 1cm 石英比色皿，以蒸馏水为参比溶液，在 220～350nm 波长范围内，每隔 5nm 测量一次吸光度。最大吸收峰附近，每 1nm 测量一次吸光度。

3. 标准曲线的制作

在苯酚的最大吸收波长（λ_{max}）下，用 1cm 石英比色皿，以蒸馏水为参比溶液，测量标准系列溶液的吸光度。

4. 水样的测定

在与测量标准系列溶液相同的条件下，测量水样的吸光度。

【数据处理】

1. 列表记录不同波长下同一标准溶液的吸光度值，以吸光度为纵坐标，波长为横坐标绘制吸收曲线，找出 λ_{max}，计算其 ε_{max}。

2. 列表记录标准系列溶液与水样的吸光度，以吸光度为纵坐标，标准系列溶液浓度为横坐标，绘制标准曲线；根据水样的吸光度从图中查找出其相当于标准溶液的浓度，并算出水样中苯酚的含量（g/L）。

【注意事项】

石英比色皿每换一种溶液或溶剂必须清洗干净，并用被测溶液或参比溶液润洗三次。

【思考题】

试样溶液浓度过大或过小，对测量结果有何影响？应如何调整？

实验七 邻二氮菲分光光度法测定铁的含量

【实验目的】

1. 掌握邻二氮菲分光光度法测定铁的方法。
2. 了解分光光度计的构造、性能及使用方法。

【实验原理】

邻二氮菲（又称邻菲啰啉）是测定微量铁的较好试剂，在 pH＝2～9 的条件下，二价铁离子与试剂生成极稳定的橙红色配合物。配合物的 $\lg K_{稳}=21.3$，摩尔吸光系数 $\varepsilon_{510}=1.1\times10^4 \text{L/(mol·cm)}$。

在显色前，用盐酸羟胺把三价铁离子还原为二价铁离子。

$$4Fe^{3+}+2NH_2OH \longrightarrow 4Fe^{2+}+N_2O+4H^++H_2O$$

测定时，控制溶液 pH＝3 较为适宜，酸度高时，反应进行较慢，酸度太低，则二价铁离子水解，影响显色。

用邻二氮菲测定时，有很多元素干扰测定，需预先进行掩蔽或分离，如钴、镍、铜、铅与试剂形成有色配合物；钨、铂、镉、汞与试剂生成沉淀，还有些金属离子如锡、铅、铋则在邻二氮菲铁配合物形成的 pH 值范围内发生水解；因此当这些离子共存时，应注意消除它们的干扰作用。

【仪器和试剂】

1. 醋酸钠溶液（1mol/L）。

16

2. 氢氧化钠溶液（1mol/L）。

3. 盐酸溶液（2mol/L）。

4. 盐酸羟胺溶液（10%）：临时配制。

5. 邻二氮菲溶液（0.15%）：0.15g 邻二氮菲溶解在 100mL 1:1 乙醇溶液中。

6. 铁标准溶液（10.00μg/mL）：准确称取 0.3511g $(NH_4)_2Fe(SO_4)_2 \cdot 6H_2O$ 于烧杯中，用 2mol/L 盐酸 15mL 溶解，移入 500mL 容量瓶中，以水稀释至刻度，摇匀。再准确稀释 10 倍成为含铁 10.00μg/mL 的标准溶液。如以硫酸铁铵 $NH_4Fe(SO_4)_2 \cdot 12H_2O$ 配制铁标准溶液，则需标定。

7. 分光光度计及 1cm 比色皿。

【实验步骤】

1. 吸收曲线的绘制

用吸量管准确吸取 10.00μg/mL 铁标准溶液 10.00mL，置于 50mL 容量瓶中，加入 10%盐酸羟胺溶液 1.00mL，摇匀，加入 0.15%邻二氮菲溶液 2.00mL，醋酸钠溶液 5.00mL，以水稀释至刻度，摇匀。放置 10min，在分光光度计上，用 1cm 比色皿，以试剂空白为参比，在 440~560nm 间，每隔 10nm 测定一次吸光度，在最大吸收波长附近多测几点。然后以波长为横坐标，吸光度为纵坐标绘制出吸收曲线，从吸收曲线上确定测定铁的适宜波长（即最大吸收波长）。

2. 测定条件的选择

（1）邻二氮菲与铁的配合物的稳定性　按照上面溶液的配制方法重新配制溶液，在确定的最大吸收波长处，以试剂空白为参比，从加入显色剂后立即测定一次吸光度，经 5min、10min、20min、30min、60min、120min⋯⋯后，各测一次吸光度。以时间（t）为横坐标，吸光度（A）为纵坐标，绘制 A-t 曲线，从曲线上判断配合物稳定的情况。

（2）显色剂浓度的影响　取 50mL 容量瓶 8 个，用吸量管准确吸取 10.00μg/mL 铁标准溶液 10.00mL 于各容量瓶中，加入 10%盐酸羟胺溶液 1mL，摇匀，分别加入 0.15%邻二氮菲溶液 0.0mL、0.5mL、1.0mL、2.0mL、3.0mL、4.0mL、6.0mL 和 8.0mL，再加入醋酸钠溶液 5mL，以水稀释至刻度，摇匀。在分光光度计上最大吸收波长处，用 1cm 比色皿，以试剂空白为参比测定不同显色剂用量的吸光度。然后以加入邻二氮菲试剂的体积为横坐标，以吸光度为纵坐标，绘制 A-V 曲线，由曲线确定显色剂的最佳加入量。

（3）溶液酸度对配合物的影响　取 50mL 容量瓶 9 个，分别准确吸取 10.00μg/mL 铁标准溶液 10.00mL、10%盐酸羟胺溶液 1mL，摇匀，经 2min 后，再加入 0.15%邻二氮菲溶液 2mL，然后在各个容量瓶中，依次用吸量管准确加入 2mol/L 盐酸 0.5mL、1mol/L 氢氧化钠溶液各 0.0mL、0.5mL、1.0mL、1.5mL、2.0mL、3.0mL、4.0mL、6.0mL，以水稀释至刻度，摇匀。用 pH 计测定各溶液的 pH 值。同时在分光光度计上，用选定的波长，1cm 比色皿，以试剂空白为参比测定各溶液的吸光度。最后以 pH 值为横坐标，吸光度为纵坐标，绘制 A-pH 曲线，由曲线确定最适宜的 pH 范围。

（4）根据上面条件实验的结果，找出邻二氮菲分光光度法测定铁的条件并讨论之。

3. 铁含量的测定

（1）标准曲线的绘制　取 50mL 容量瓶 6 个，分别准确吸取 10.00μg/mL 的铁标准溶液 0.00mL、2.00mL、4.00mL、6.00mL、8.00mL 和 10.00mL 于各容量瓶中，各加 10%盐酸羟胺溶液 1mL，摇匀，经 2min 后再各加 0.15%邻二氮菲溶液 2mL 和醋酸钠溶液 5mL，以水稀释至刻度，摇匀。在分光光度计上用 1cm 比色皿，在最大吸收波长处以试剂空白为参比测定各溶液的吸光度，以含铁总量为横坐标，吸光度为纵坐标，绘制标准曲线。

（2）吸取未知液 10mL，按上述标准曲线相同条件和步骤测定其吸光度。根据未知液的吸光度，在标准曲线上查出未知液相对应铁的量，然后计算试样中微量铁的含量，以 g/L。

【数据处理】

1. 记录分光光度计的型号及比色皿厚度，绘制吸收曲线和标准曲线。
2. 计算未知液中铁的含量，以每升未知液中含铁多少克表示（g/L）。

【注意事项】

1. 试样和工作曲线的测定的实验条件应保持一致。
2. 盐酸羟胺容易氧化，所以应现用现配。

【思考题】

1. 三价铁离子溶液在显色前加盐酸羟胺的目的是什么？
2. 实验中为什么要进行各种条件试验？
3. 如果试样中存在某种干扰离子，且该离子在测定波长下有吸收，如何处理？
4. 实验中哪些试剂要准确配制，哪些不必准确配制？它们是否均应准确加入？为什么？

实验八　不同溶剂中苯酚的紫外光谱研究

【实验目的】

1. 巩固紫外分光光度法的基本理论与基础知识。
2. 了解不同溶剂对同一种物质的紫外吸收光谱的影响。

【实验原理】

苯具有环状共轭体系，在紫外区有三个吸收谱带：E_1 吸收带，吸收峰 184nm 左右，ε_{max} 为 4.7×10^4 L/(mol·cm)；E_2 吸收带，吸收峰在 203nm 处，ε_{max} 为 7.4×10^3 L/(mol·cm)，为中等强度吸收；B 吸收带，最大吸收峰在 255nm，ε_{max} 为 230L/(mol·cm)，吸收强度较弱。这些吸收带都是电子 π-π^* 跃迁产生的。而当苯环上的氢被其他基团取代时，苯的吸收光谱会发生变化，复杂的 B 吸收带变得简单化，吸收峰向长波方向移动，吸收强度增加。苯酚的 E_1 吸收带最大吸收峰为 210.5nm，ε_{max} 为 6200L/(mol·cm)；B 吸收带最大吸收峰为 270nm，ε_{max} 为 1450L/(mol·cm)。由于有机溶剂，特别是极性溶剂对溶质紫外吸收峰的波长、强度及形状可能产生影响，这种现象称为溶剂效应。上述苯酚是 2% 的甲醇溶液。当溶剂为水、乙醇或二者的混合物时，则它的紫外特征吸收峰的位置也有所不同。

【仪器和试剂】

1. 分光光度计（岛津 UVmini-1240 型或其他型号）及附件。
2. 容量瓶：50mL。
3. 苯酚标准溶液（500mg/L）：准确称取 0.0500g 苯酚于 250mL 烧杯中，加去离子水使之溶解，移入 100mL 容量瓶，用蒸馏水稀释至刻度，摇匀备用。
4. 乙醇：1:1 的水溶液（体积比）。
5. 盐酸溶液（4mol/L）。

6. 氢氧化钠溶液（0.8mol/L）。

7. 甲醇水溶液：1∶1（体积比）。

【实验步骤】

1. 溶液的配制

取18个洁净的50mL容量瓶，按下表加入各种试剂，用蒸馏水稀释至刻度，摇匀。参比为试剂空白。

项 目	1号	2号	3号	4号	5号	6号	7号	8号	9号
苯酚标准溶液/mL	5	5	5	5	5	5	5	5	5
甲醇溶液/mL	2	2	2						
乙醇溶液/mL				2	2	2			
盐酸溶液/mL			5		5			5	
氢氧化钠溶液/mL				5			5		5

2. 测定吸收曲线

用1cm比色皿，从200～400nm（每隔5nm测一次）对溶液进行扫描，绘制上述各溶液的吸收光谱图。

【数据处理】

1. 记录各种溶液的吸收光谱图。

2. 找出每个溶液的最大吸收波长并与苯酚-甲醇溶液进行比较。

3. 计算最大吸收波长处各溶液的 ε_{max}。

【思考题】

1. 同一物质，在不同溶剂中吸收光谱有何不同？为什么？

2. 影响紫外吸收光谱的因素有哪些？

3. 产生紫外光谱的电子跃迁类型有哪些？

第2章 分子荧光分析法

2.1 基本原理

分子发光分析主要包括分子荧光分析、分子磷光分析和化学发光分析。基态分子被激发到激发态，所需激发能可由光能、化学能或电能等供给。若分子吸收了光能而被激发到较高的能态，在返回基态时，发射出与吸收光波长相等或不等的辐射，这种现象称为光致发光。荧光分析和磷光分析就是基于这类光致发光现象建立起来的分析方法。物质的基态分子受某一激发光源照射，跃迁至激发态后，在返回基态时，产生波长与入射光相同或较长的荧光，通过测定物质分子产生的荧光强度进行分析的方法称为分子荧光分析。

2.1.1 分子荧光光谱的产生

物质受光照射时，光子的能量在一定条件下被物质的基态分子所吸收，分子中的价电子发生能级跃迁而处于电子激发态，在光致激发和去激发光过程中，分子中的价电子可以处于不同的自旋状态，通常用电子自旋状态的多重性来描述。一个所有电子自旋都配对的分子的电子态，称为单重态，用"S"表示；分子中电子对的电子自旋平行的电子态，称为三重态，用"T"表示。电子自旋状态的多重态用 $2S+1$ 表示，S 是分子中电子自旋量子数的代数和，其数值为 0 或 1。如果分子中全部轨道中的电子都是自旋配对时，即 $S=0$，多重态 $2S+1=1$，该分子体系便处于单重态。大多数有机物分子的基态是处于单重态的，该状态用"S_0"表示。倘若分子吸收能量后，电子在跃迁过程中不发生自旋方向的变化，这时分子处于激发单重态；如果电子在跃迁过程中伴随着自旋方向的改变，这时分子便具有两个自旋平行（不配对）的电子，即 $S=1$，多重态 $2S+1=3$，该分子体系便处于激态三重态。

分子中处于激发态的电子以辐射跃迁方式或无辐射跃迁方式最终回到基态，这一过程中，各种不同的能量传递过程统称为去活化过程。辐射跃迁主要是荧光和磷光的发射；无辐射跃迁是指分子以热的形式失去多余能量，包括振动弛豫、内转换、系间跨越、猝灭等。各种跃迁方式发生的可能性及程度与荧光物质分子结构和环境等因素有关。

当处于基态单重态（S_0）的分子吸收波长为 λ_1 和 λ_2 的辐射后，分别被激发至第一激发单重态（S_1）和第二激发单重态（S_2）的任一振动能级上，而后发生下述失活过程。见图 2.1。

2.1.2 激发光谱和荧光光谱

（1）激发光谱　如果将激发光的光源用单色器分光，测定不同波长的激发光照射下，荧光最强的波长处荧光强度的变化，以荧光强度（I_F）对激发波长（λ）作图，即可得荧光物质的激发光谱。

（2）发射光谱　简称荧（磷）光光谱。如果将激发光波长固定在最大激发波长处，而让物质发射的荧光通过单色器分光，可测定不同波长的荧光强度。以荧光强度（I_F）对荧光波长（λ）作图，即得荧光光谱。荧光物质的最大激发波长（λ_{ex}）和最大荧光波长（λ_{em}）是鉴定物质的根据，也是定量测定时最灵敏的条件。

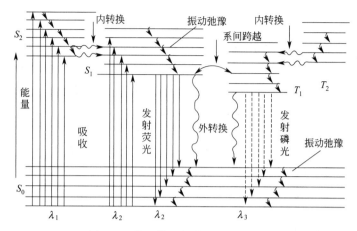

图 2.1　分子荧光与磷光的发生过程

2.1.3　影响荧光强度的环境因素

荧光分子所处的外部化学环境，如温度、溶剂、pH 值等都会影响荧光效率，因此选择合适的条件不仅可以使荧光加强，提高测定的灵敏度，还可以控制干扰物质的荧光产生，提高分析的选择性。

(1) 温度的影响　大多数荧光物质溶液的荧光效率和荧光强度会随着温度降低而增加；相反，温度升高荧光效率将下降。

(2) 溶剂的影响　溶剂对荧光强度和形状的影响主要表现在溶剂的极性、氢键及配位键的形成等。溶剂极性增大时，通常使荧光波长红移。氢键及配位键的形成更使荧光强度和形状发生较大的变化。含有重原子的溶剂，如 CBr_4 等也可使荧光强度减弱。

(3) 溶液 pH 值的影响　当荧光物质本身是弱酸或弱碱时，其荧光强度受溶液 pH 值的影响较大。例如苯胺在 pH7～12 溶液中会产生蓝色荧光，在 pH<2 或 pH>13 的溶液中都不产生荧光。有些荧光物质在离子状态无荧光，而有些则相反；也有些荧光物质在分子和离子状态时都有荧光，但荧光光谱不同。

(4) 溶液荧光的猝灭　荧光物质分子与溶剂分子或其他溶质分子相互作用，引起荧光强度降低、消失或荧光强度与浓度不呈线性关系的现象，称为荧光猝灭。当荧光物质浓度过大时，会产生自猝灭现象。

2.1.4　荧光强度与溶液浓度的关系

当一束强度为 I_0 的紫外光照射一盛有浓度为 c、厚度为 l 的液池时，可在液池的各个方向观察到荧光，其强度为 I_F，透射光强度为 I_t，吸收光强度 I_a。由于激发光的一部分能透过样品池，因此，一般在激发光源垂直的方向测量荧光强度（I_F）。溶液的荧光强度和该溶液的吸光强度以及荧光物质的荧光效率有关。

$$I_F = \Phi_F I_a \qquad (2.1)$$

根据 Lambert-Beer 定律，有

$$I_a = I_0 - I_t$$

$$\frac{I_t}{I_0} = 10^{-\varepsilon lc}$$

$$I_t = I_0 \times 10^{-\varepsilon lc}$$

$$I_a = I_0 - I_0 \times 10^{-\varepsilon lc}$$
$$= I_0(1 - e^{-2.303\varepsilon lc}) \tag{2.2}$$

对于很稀的溶液，将上式按 Taylor 展开，并作近似处理后可得

$$I_F = 2.303\Phi_F I_0 \varepsilon lc \tag{2.3}$$

当荧光效率（Φ_F）、入射光强度（I_0）、物质的摩尔吸光系数（ε）、液层厚度（l）固定不变时，荧光强度（I_F）与溶液的浓度（c）成正比，式(2.3)可写成

$$I_F = Kc \tag{2.4}$$

上式为荧光分析的定量基础。但这种关系只有在极稀的溶液中，当 $\varepsilon lc \leqslant 0.05$ 时才成立。对于 $\varepsilon lc > 0.05$ 较浓的溶液，由于荧光猝灭现象和自吸收等原因，使荧光强度与浓度不呈线性关系，荧光强度与浓度的关系向浓度轴偏离。

2.2 荧光分析仪器

荧光分光光度计，与其他光谱分析仪器一样，主要由光源（激发光源）、样品池、单色器系统及检测器四部分组成。不同的是荧光分析仪器需要两个独立的波长选择系统，一个为激发单色器，可对光源进行分光，选择激发波长；另一个用来选择发射波长，或扫描测定各发射波长下的荧光强度，可获得试样的发射光谱。检测器与激发光源成直角。荧光分析仪器的基本结构流程如图2.2所示。

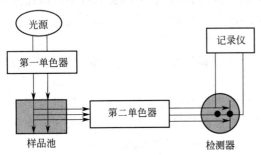

图 2.2 荧光分析仪结构示意图

2.2.1 激发光源

激发光源应具有强度大、稳定性好、适用波长范围宽等特点，因为光源的强度和稳定性直接影响测定的灵敏度以及重复性和精确度。常用的光源有高压汞灯、氙灯和卤钨灯。高压汞灯常用在荧光计中，发射光强度大而稳定，荧光分析中常用 365nm、405nm 及 436nm 三条谱线，但不是连续光谱。高压氙灯发射光强度大，能在波长范围 200～700nm 的紫外、可见光区给出比较好的连续光谱，且在 200～400nm 波段内辐射线强度几乎相等。高功率连续可调染料激光光源是一种单色性好、强度大的新型光源。因为脉冲激光的光照时间短，避免被照物质分解。但设备复杂，应用不广。

2.2.2 单色器

荧光分光光度计具有两个单色器：激发单色器和发射单色器。荧光计用滤光片作单色器，分激发滤光片和荧光滤光片。它们的功能比较简单，价格便宜，适用于固定试样的常规分析。大部分荧光光度计采用光栅作为单色器。

2.2.3 样品池

荧光分析用的样品池需用低荧光材料，常用石英池。有的荧光分光光度计附有恒温装置。测定低温荧光时，在石英池外套上一个盛有液氮的石英真空瓶，以便降低温度。

2.2.4 检测器

荧光的强度比较弱，因此要求检测器有较高的灵敏度。在荧光计中常用光电池或光电管；在一般较精密的分光荧光光度计中常用光电倍增管检测。为了改善信噪比，常采用冷却

检测器的办法。二极管阵列和电荷转移检测器的使用，极大程度上提高了仪器测定的灵敏度，并可以快速记录激发和发射光谱，还可以记录三维荧光光谱图。

2.3　实验部分

实验九　以 8-羟基喹啉为络合剂荧光法测定铝的含量

【实验目的】

1. 掌握荧光光度计的使用方法。

2. 掌握铝的荧光测定方法，以及荧光测量、萃取等基本操作。

【实验原理】

Al^{3+} 能与许多有机试剂形成会发光的荧光络合物，其中 8-羟基喹啉是较常用的试剂，它与 Al^{3+} 所生成的络合物能被氯仿萃取，萃取液在 365nm 紫外光照射下，会产生荧光，峰值波长在 530nm 处，以此建立铝的荧光测定方法。其测定铝的范围为 0.002～0.24mg/mL。Ga^{3+} 及 In^{3+} 会与该试剂形成会发光的荧光络合物，应加以校正。存在大量的 Fe^{2+}、Ti^{4+}、VO^{3-} 会使荧光强度降低，应加以分离。

实验使用标准硫酸奎宁溶液作为荧光强度的基准。

【仪器和试剂】

1. 荧光光度计，50mL 容量瓶，125mL 分液漏斗，吸量管，量筒。

2. 铝标准溶液

(1) 铝的贮备标准液（1.000g/L）：溶解 17.57g 硫酸铝钾［$Al_2(SO_4)_3 \cdot K_2SO_4 \cdot 24H_2O$］于蒸馏水中，滴加 1∶1 硫酸至溶液清澈，移至 1000mL 容量瓶中，用水稀释至刻度，摇匀。

(2) 铝的工作标准液（2.00mg/L）：取 2.00mL 铝的贮备标准液于 1000mL 容量瓶中，用水稀释至刻度，摇匀。

3. 8-羟基喹啉溶液（2%）：溶解 2g 8-羟基喹啉于 6mL 冰醋酸中，用水稀释至 100mL。

4. 缓冲溶液：称取 NH_4Ac 200g 及浓 $NH_3 \cdot H_2O$ 70mL，用蒸馏水溶解至 1L，备用。

5. 标准奎宁溶液（50.0mg/mL）：0.5000g 奎宁硫酸盐用 1mol/L 硫酸定容至 1000mL 配成母液。再从母液中取 10mL，用 1mol/L 硫酸定容至 100mL。

6. 氯仿。

【实验步骤】

1. 系列标准溶液的配制

取六个 125mL 分液漏斗，各加入 40～50mL 蒸馏水，分别加入 0.00mL、1.00mL、2.00mL、3.00mL、4.00mL 及 5.00mL 2.00mg/mL 铝的工作标准液。沿壁加入 2mL 2% 的 8-羟基喹啉溶液和 2mL 氨性缓冲溶液至以上各分液漏斗中，摇匀。每个溶液均用 20mL 氯仿萃取 2 次。萃取氯仿溶液通过脱脂棉滤入 50mL 容量瓶中，并用少量氯仿洗涤脱脂棉，用氯仿稀释至刻度，摇匀。

2. 荧光强度的测量

荧光光度计的使用方法见说明书。选择 365nm 为激发波长，530nm 为发射波长，用标准奎宁溶液调节荧光光度计的狭缝宽度以及检测电流等各项仪器参数，使荧光强度调节到最大值。在此条件下然后分别测量系列标准溶液的荧光强度。

3. 未知试液的测定

取一定体积未知试液，按步骤 1.、2. 方法处理并测量。

【数据处理】

1. 记录系列标准溶液的荧光强度，并绘出标准曲线。

2. 记录未知试样的荧光强度，由标准曲线求得未知试样的铝浓度。

【思考题】

标准奎宁溶液的作用是什么？如不用标准奎宁溶液，测量应如何进行？

实验十　荧光光度法测定维生素 B_2 的含量

【实验目的】

1. 学习和掌握荧光光度分析法的基本原理和方法。

2. 熟悉荧光分光光度计的结构和使用方法。

【实验原理】

维生素 B_2 是人体所需的重要生物化学活性分子，具有重要的生理功能，其检测方法有多种，如高效液相色谱法、荧光光度法、毛细管电泳电化学法、分光光度法等。本实验采用荧光光度法测定其含量。

维生素 B_2（即核黄素，Vitamin B_2）为橘黄色无臭的针状晶，化学名称为 7,8-二甲基-10-($1'$-D-核糖醇基)异咯嗪，其结构式为：

维生素 B_2 易溶于水而不溶于乙醚等有机溶剂，在中性或酸性溶液中稳定，光照易分解，对热稳定，在碱性溶液中较易被破坏。维生素 B_2 在一定波长的光照射下产生荧光。在稀溶液中，其荧光强度与浓度成正比，即：

$$F = Kc$$

故可采用标准曲线法测定维生素 B_2 的含量。

维生素 B_2 溶液在 $450 \sim 470nm$ 蓝光的照射下，发出绿色荧光，其最大发射波长为 535nm。其荧光在 pH＝6～7 时最强，在 pH＝11 时消失。维生素 B_2 在碱性溶液中经光线照射会发生分解而转化为光黄素，光黄素的荧光比核黄素的荧光强得多，故测维生素 B_2 的荧光时溶液要控制在酸性范围内，且在避光条件下进行。

本实验通过扫描激发光谱和发射光谱，确定激发光单色器波长和荧光单色器波长。其基本原则是使测量获得最强荧光，且受背景影响最小。激发光单色器的波长可依据激发光谱进行选择，荧光单色器波长可依据荧光光谱进行选择。

如仪器不能扫描，可选择激发光单色器波长为 465nm，荧光单色器波长为 530nm，此时可将 440nm 的激发光及水的拉曼光（360nm）滤除，从而避免了它们的干扰。

【仪器和试剂】

1. 荧光分光光度计（日立 F-2500 型或瓦里安 Cary Eclipase 型、970CRT 型或 PE LS-45

型等），吸量管，1000mL、100mL 、50mL 棕色容量瓶，棕色试剂瓶。

2. 乙酸（分析纯），维生素 B_2（分析纯），含维生素 B_2 的样品。

3. 维生素 B_2 标准溶液的配制

（1）维生素 B_2 标准贮备液（100.0mg/L）：准确称取 0.1000g 维生素 B_2，将其溶解于少量的 1％乙酸中，转移至 1L 棕色容量瓶中，用 1％乙酸稀释至刻度，摇匀。

（2）维生素 B_2 标准工作溶液（5.00mg/L）：准确移取 50.00mL 100.0mg/L 维生素 B_2 标准贮备液于 1L 棕色容量瓶中，用 1％乙酸稀释至刻度，摇匀。

4. 维生素 B_2 片剂（市售）。

5. 待测液：取适量维生素 B_2 片剂，用 1％乙酸溶液溶解，在 1L 棕色容量瓶中定容。

以上溶液均应装于棕色试剂瓶中，置于冰箱中冷藏保存。

【实验步骤】

1. 维生素 B_2 系列标准溶液的配制

分别吸取 1.00mL、2.00mL、3.00mL、4.00mL 和 5.00mL 维生素 B_2 标准工作溶液（5.00mg/L）于 50mL 棕色容量瓶中，用 1％乙酸稀释至刻度，摇匀，得浓度分别为 $0.10\mu g/mL$、$0.20\mu g/mL$、$0.30\mu g/mL$、$0.40\mu g/mL$ 和 $0.50\mu g/mL$ 的维生素 B_2 系列标准溶液。

2. 未知试样的配制：吸取适量试样溶液于 50mL 容量瓶中，用 1％乙酸稀释至刻度，摇匀。

3. 激发光谱和荧光发射光谱的绘制

（1）按照荧光分光光度计的操作规程开好仪器。打开氙灯，再打开主机，然后打开计算机启动工作站并初始化仪器。

（2）在工作界面上选择测量项目，设置适当的仪器参数，如灵敏度、狭缝宽度、扫描速度、纵坐标和横坐标间隔及范围等。具体操作参见荧光光度计使用说明。通过激发光谱扫描和发射光谱扫描确定激发光单色器波长和荧光单色器波长。

将 $0.30\mu g/mL$ 的维生素 B_2 标准溶液装入石英荧光池中，任意确定一个激发波长（如535nm），在 350～530nm 范围内扫描记录荧光发射强度和激发波长的关系曲线，便得到激发光谱。从激发光谱图上可找出其最大激发波长 λ_{ex}。再固定该 λ_{ex}，在 450～700nm 范围内扫描荧光发射光谱，确定最大荧光发射波长 λ_{em}，记录数据。

4. 标准溶液及样品的荧光测定

将激发波长固定在最大激发波长，荧光发射波长固定在最大荧光发射波长处。从稀到浓测量上述系列标准维生素 B_2 溶液的荧光发射强度，记录数据。以溶液的荧光发射强度为纵坐标，标准溶液浓度为横坐标，制作标准曲线。

在同样条件下测定未知溶液的荧光强度，并由标准曲线确定未知试样中维生素 B_2 的浓度，计算待测样品溶液中维生素 B_2 的含量。

5. 退出主程序，关闭计算机，先关主机，最后关氙灯。

6. 荧光光度计操作流程（以 PE LS-45 型为例）。

（1）标准系列溶液的测定

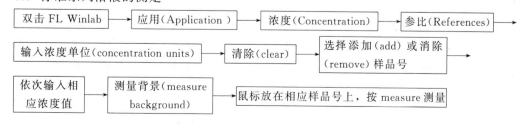

(2) 测样

【数据处理】

1. 列表记录各项实验数据。

2. 从扫描或绘制的维生素 B₂ 激发光谱和荧光光谱图上，确定其最大激发光波长 λ_{ex} 和最大发射光波长 λ_{em}。

3. 采用 Excel 或 Origin 等软件绘制维生素 B₂ 的标准曲线或求出 $I_F\text{-}c$ 线性方程，从标准曲线上查出或根据其线性方程计算出维生素 B₂ 片试液中维生素 B₂ 的浓度。

4. 计算维生素 B₂ 片中的维生素 B₂ 含量（mg/片），并将测定值与药品说明书上的表示值比较。

【注意事项】

1. 在测量前，应仔细阅读仪器使用说明书，选择适宜的测量条件。在测量过程中，不可中途随意改变设置好的参数，如需改变，必须重做。

2. 测定次序应从稀溶液到浓溶液，以减少误差。

3. 使用荧光池应注意避免机械碰撞、磨损、划痕，拿取时手指不应接触四个光面。

4. 测试样品时，浓度不宜过高，否则由于存在荧光猝灭效应，样品浓度与其荧光强度不呈线性关系，造成较大的测定误差。配制测试样品时，其浓度所测得的荧光值应在标准工作曲线的线性范围内。

【思考题】

1. 试解释荧光光度法较分光光度法灵敏度高的原因。

2. 根据维生素 B₂ 的结构特点，说明能发生荧光的物质应具有什么样的分子结构？

3. 怎样选择激发单色器波长和荧光单色器波长？

4. 维生素 B₂ 在 pH＝6～7 时荧光最强，本实验为何在酸性溶液中测定？

5. 测定过程中应注意哪些问题？

6. 荧光光度计为什么不把激发光单色器和荧光单色器设计在一条直线上？

实验十一　荧光法测定乙酰水杨酸和水杨酸含量

【实验目的】

1. 掌握用荧光法测定药物中乙酰水杨酸和水杨酸的方法。

2. 掌握荧光光度分析法的基本原理。

3. 熟悉荧光分光光度计（或荧光光度计）的结构和使用方法。

【原理实验】

通常称为 ASA 的乙酰水杨酸（阿司匹林）水解即生成水杨酸（SA），而在阿司匹林中，或多或少地会存在一些水杨酸。用氯仿作为溶剂，用荧光法可以分别测定它们。加少许醋酸可以增加二者的荧光强度。在 1‰醋酸-氯仿中，乙酰水杨酸和水杨酸的激发光谱和荧光光谱如图 2.3 所示。

为了消除药片样品之间的差异，可取几片药片一起研磨，然后取部分有代表性的样品进

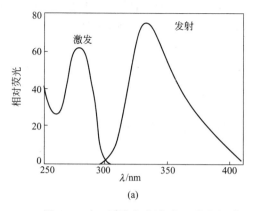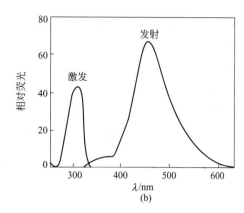

图 2.3　在 1‰醋酸-氯仿中乙酰水杨酸（a）和水杨酸（b）的激发光谱和荧光光谱

行分析。

【仪器与试剂】

1. 荧光光度计，石英荧光池，容量瓶（1000mL、100mL、50mL），10mL 吸量管。

2. 乙酰水杨酸贮备液：称取 0.4000g 乙酰水杨酸溶解于 1‰醋酸-氯仿溶液中，用 1‰醋酸-氯仿溶液定容于 1000mL 容量瓶中。

3. 水杨酸贮备液：称取 0.750g 水杨酸溶解于 1‰醋酸-氯仿溶液中，并用其定容于 1000mL 容量瓶中。

【实验步骤】

1. 绘制 ASA 和 SA 的激发光谱和荧光光谱

将乙酰水杨酸和水杨酸贮备液分别稀释 100 倍（每次稀释 10 倍，分两次完成）。用该溶液分别绘制 ASA 和 SA 的激发光谱和荧光光谱曲线，并分别找到它们的最大激发波长和最大发射波长。

2. 制作标准曲线

（1）乙酰水杨酸标准曲线　在 5 只 50mL 容量瓶中，用吸量管分别加入 4.00μg/mL ASA 溶液 2.00mL、4.00mL、6.00mL、8.00mL、10.0mL，用 1‰醋酸-氯仿溶液稀释至刻度，摇匀，分别测量它们的荧光强度。

（2）水杨酸标准曲线　在 5 只 50mL 容量瓶中，用吸量管分别加入 7.50μg/mL SA 溶液 2.00mL、4.00mL、6.00mL、8.00mL、10.0mL，用 1‰醋酸-氯仿溶液稀释至刻度，摇匀，分别测量它们的荧光强度。

3. 阿司匹林药片中乙酰水杨酸和水杨酸的测定

将 5 片阿司匹林药片称量后磨成粉末，称取 0.4000g 用 1‰醋酸-氯仿溶液溶解，全部转移至 100mL 容量瓶中，用 1‰醋酸-氯仿溶液稀释至刻度。迅速通过定量滤纸干过滤。用该滤液在与标准溶液同样条件下测量 SA 荧光强度。

将上述滤液稀释 1000 倍（用 3 次稀释来完成，每次稀释 10 倍），与标准溶液同样条件测量 ASA 荧光强度。

【数据处理】

1. 从绘制的 ASA 和 SA 激发光谱和荧光光谱曲线上，确定它们的最大激发波长和最大发射波长。

2. 分别绘制 ASA 和 SA 标准曲线，并从标准曲线上确定试样溶液中 ASA 和 SA 的浓度，并计算每片阿司匹林药片中 ASA 和 SA 的含量（mg），并将 ASA 测定值与说明书上的值比较。

【注意事项】

阿司匹林药片溶解后，1h 内要完成测定，否则 ASA 的量将降低。

【思考题】

1. 标准曲线是直线吗？若不是，从何处开始弯曲？并解释原因。

2. 做 ASA 和 SA 的激发光谱和发射光谱曲线，并解释这种分析方法可行的原因。

第 3 章　原子发射光谱法

3.1　基本原理

3.1.1　原子发射光谱的产生

原子核外的电子在不同状态下所具有的能量，可用能级来表示。离核较远的称为高能级，离核较近的称为低能级。在一般情况下，原子处于最低能量状态，称为基态（即最低能级）。通过电致激发、热致激发或光致激发等激发光源作用下，原子获得足够的能量后，就会使外层电子从低能级跃迁至高能级，这种状态称为激发态。

原子外层的电子处于激发态是不稳定的，它的寿命小于 10^{-8} s。当它从激发态回到基态时，就要释放出多余的能量。若此能量以光的形式出现，即得到发射光谱。原子发射光谱是线状光谱。谱线波长与能量的关系为：

$$\lambda = \frac{hc}{E_2 - E_1} \tag{3.1}$$

式中，E_1、E_2 为低能级与高能级的能量；λ 为波长；h 为普朗克常数；c 为光速。

原子的外层电子由低能级激发到高能级时所需要的能量称为激发电位，以电子伏特表示。不同的元素其原子结构不同，原子的能级状态不同，原子发射光谱的谱线也不同，每种元素都有其特征光谱，这是光谱定性分析的依据。原子的光谱线各有其相应的激发电位。具有最低激发电位的谱线称为共振线，一般共振线是该元素的最强谱线。

3.1.2　谱线强度

原子由某一激发态 i 向基态或较低能级 j 跃迁发射谱线的强度，与激发态原子数 N_i 成正比。原子的外层电子在 i、j 两个能级之间跃迁，其发射谱线强度 I_{ij} 为：

$$I_{ij} = N_i A_{ij} h \nu_{ij} \tag{3.2}$$

式中，A_{ij} 为 i、j 两能级间的跃迁几率；ν_{ij} 为发射谱线的频率；h 为普朗克常数。在原子发射光谱分析过程中，当试样的蒸发和激发过程达到平衡时，激发态原子总数为：

$$N_i = \alpha \beta c \tag{3.3}$$

式中，α 为蒸发系数；β 为激发系数；c 为待测组分的浓度或含量。一定的实验条件下，当 A_{ij}、α 和 β 都为常数时，谱线强度与组分浓度或含量成正比，记为：

$$I = ac \tag{3.4}$$

式中，a 为与待测元素的激发电位、激发温度及试样组成等有关的系数，当实验条件固定时，a 为常数。激发态原子发射出的辐射通过温度较低的外层原子蒸气时，被处于基态的同种原子所吸收，这种现象称为自吸效应。考虑到自吸效应的影响，谱线的实际强度可修正为：

$$I = ac^b \tag{3.5}$$

式中，$b \leqslant 1$，称为自吸系数。随 c 的增加而减小，当 c 很小而无自吸时，$b=1$。该式称为罗马金-赛伯（Lomakin-Schiebe）公式，是原子发射光谱定量分析的基本关系式。

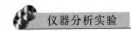

3.2 发射光谱分析仪器

原子发射光谱分析仪器通常由光源、分光仪和检测器三部分组成。

3.2.1 光源

光源的作用是提供足够的能量使试样蒸发、解离、原子化、激发、跃迁产生光谱。目前常用的光源有直流电弧、交流电弧、电火花及电感耦合高频等离子体。光源对光谱分析的检出限、精密度和准确度都有很大的影响。电感耦合高频等离子体（ICP）光源是应用较广的一种等离子光源，用电感耦合传递功率。

电感耦合高频等离子体光源装置由高频发生器、雾化器和等离子炬管三部分组成。在有气体的等离子炬管外套装一个高频感应线圈，感应线圈与高频发生器连接。当高频电流通过线圈时，在管的内外形成强烈的振荡磁场。一旦管内气体开始电离（如用点火器），电子和离子则受到高频磁场加速，产生碰撞电离，电子和离子急剧增加，此时在气体中感应产生涡流。高频感应电流，产生大量的热能，又促进气体电离，维持气体的高温，从而形成等离子体炬。为了使所形成的等离子炬稳定，等离子气和辅助气都从切线方向引入，因此高温气体形成旋转的环流。同时，由于高频感应电流的趋肤效应，环流在圆形回路的外周流动。这样，感耦高频等离子炬就必然具有环状结构。环状的结构造成一个电学屏蔽的中心通道。电学屏蔽的中心通道具有较低的气压、较低的温度、较小的阻力，使试样容易进入炬焰，并有利于蒸发、解离、激发、电离以至观测。

试样气溶胶在高温焰心区经历较长时间加热，在测光区平均停留时间长。这样的高温与长的平均停留时间使样品充分原子化，有效地消除了化学干扰。周围是加热区，用热传导与辐射方式间接加热，使组分的改变对 ICP 影响较小，加之溶液进样少，因此，基体效应小。试样不会扩散到 ICP 焰炬周围而形成自吸的冷蒸气层。

电感耦合高频等离子体光源是 20 世纪 60 年代研制的光源，由于它具有优异性能，70 年代后迅速发展并获广泛应用。属于等离子光源的还有直流等离子体（DCP）和微波诱导等离子体（MIP）。

高频发生器一般包括电源、振荡器和工作线圈，有些仪器还有功率稳定线路和阻抗匹配单元。高频发生器的作用是产生高频磁场，供给等离子体能量。频率多为 27 ～ 50MHz，最大输出功率通常是 2 ～ 4kW。

3.2.2 分光仪

常用的分光元件有棱镜和光栅。以这两类分光元件制作的光谱仪分别称为棱镜光谱仪和光栅光谱仪。

3.2.3 检测器

在原子发射光谱法中，常用的检测方法有目视法、摄谱法和光电法。

3.3 实验部分

实验十二　火焰光度法测定样品中的钾、钠

【目的要求】

1. 学习和熟悉火焰光度法测定样品中钾、钠的方法。

2. 加深对火焰光度法原理的理解。

3. 了解火焰光度计的结构及使用方法。

【实验原理】

以火焰为激发源的原子发射光谱法叫火焰光度法，它是利用火焰光度计测定元素在火焰中被激发时发射出的特征谱线的强度来进行定量分析的。火焰光度法又叫做火焰发射光谱法。

样品溶液经雾化后喷入燃烧的火焰中，溶剂在火焰中蒸发，试样熔融转化为气态分子，继续加热又离解为原子，再由火焰高温激发发射特征光谱。用单色器把元素所发射的特定波长分离出来，经光电检测系统进行光电转换，再由检流计测出特征谱线的强度。用火焰光度法进行定量分析时，若激发的条件保持一定，则谱线的强度与待测元素的浓度成正比。当浓度很低时，自吸现象可忽略不计，此时，$b=1$。根据下式，通过测量待测元素特征谱线的强度，即可进行定量分析。

$$I=ac$$

K、Na 元素通过火焰燃烧容易激发而放出不同能量的谱线，用火焰光度计测定 K 原子发射的 766.8nm 和 Na 原子发射的 589.0nm 的这两条谱线的相对强度，利用标准曲线法可进行 K、Na 的定量测定。为抵消 K、Na 间的相互干扰，其标准溶液可配成 K、Na 混合标准溶液。

本实验使用液化石油气-空气（或汽油）火焰。

【仪器与试剂】

1. 火焰光度计（INESA FP6450 型或其他型号），吸量管（5mL、10mL），曲颈小漏斗，振荡机，烧杯（100mL、250mL、500mL），容量瓶（10mL、50mL、100mL、250mL），可调温电热板，分析天平，聚乙烯试剂瓶，带塞锥形瓶（100mL），漏斗，台秤。

2. 钾贮备标准溶液（1.000g/L）：称取 0.4767g 于 105℃ 烘干 4～6h 的 KCl（分析纯），溶于水后，移入 250mL 容量瓶中，加水稀释至刻度，摇匀，转入聚乙烯试剂瓶中贮存。

3. 钠贮备标准溶液（1.000g/L）：称取 0.6354g 于 110℃ 烘干 4～6h 的 NaCl（分析纯），溶于水后，移入 250mL 容量瓶中，加水稀释至刻度，摇匀，转入聚乙烯试剂瓶中贮存。

4. 钾、钠混合标准工作溶液（1）：移取 10.00mL 钾贮备标准溶液、5.00mL 钠贮备标准溶液于 100mL 容量瓶中，加水稀至刻度，摇匀。此标准溶液含 100mg/L K、含 50mg/L Na。

5. 三酸混合溶液：HNO_3（$\rho = 1.42g/cm^3$），H_2SO_4（$\rho = 1.84g/cm^3$），$HClO_4$（60%）以 8∶1∶1 的比例混合而成。

6. 钾、钠混合标准工作溶液（2）（如果不是测定土壤样品此溶液不必配制）：移取 5.00mL 钾贮备标准溶液、12.50mL 钠贮备标准溶液于 100mL 容量瓶中，加水稀释至刻度，摇匀。此标准溶液含 50mg/L K、含 125mg/L Na。

7. $Al_2(SO_4)_3$ 溶液：称取 34g $Al_2(SO_4)_3$ 或 66g $Al_2(SO_4)_3 \cdot 18H_2O$ 溶于水中稀释至 1L。

8. 钾标准工作溶液（50mg/L）：吸取 5.00mL 钾贮备标准溶液于 100mL 容量瓶中，用去离子水稀释至刻度，配成 50mg/L。

9. 钠标准工作溶液（100mg/L）：吸取 10.00mL 钠贮备标准溶液于 100mL 容量瓶中，用去离子水稀释至刻度，配成 100mg/L。

10. 混合酸消化液：HNO_3 与 $HClO_4$ 以 4：1 比例混合而成。

11. HCl 溶液（1%）。

12. 定量滤纸 。

【实验步骤】

1. INESA FP6450 型火焰光度计的操作步骤

（1）开机检验　打开仪器背面电源开关，显示屏显示"火焰光度计"字样。打开空气压缩机电源，调节空气过滤减压阀使压力表显示 0.15MPa。将进样口毛细管放入蒸馏水中，在废液口下放废液杯。雾化器内应有水珠撞击，废液管应有水排出。

（2）点火　打开液化气钢瓶开关。向下按住燃气阀旋钮（LPG Valve 旋钮），从关闭位置左转 90°，按住不放至点着火，点着后向里推一下旋钮再放手。点火完成后，把燃气阀向左转，直到不能转动为止。

（3）调节火焰形状至最佳状态　点火后，由于进样空气的补充，使燃气得到充分燃烧。此时，一边察看火焰形状，一边调节微调阀（Fine Adjust 旋钮），控制火苗大小，使进入燃烧室的液化气达到一定值，此时以蒸馏水进样，火焰呈最佳状态，即外形为锥形、呈蓝色，尖端摆动较小，火焰底部中间有 12 个小突起，周围有波浪形的圆环（见图 3.1），整个火焰高度约 50mm，火焰中不得有白色亮点。

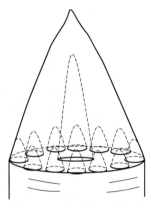

图 3.1　火焰形状最佳状态

（4）预热　仪器在进蒸馏水的条件下预热 30min 左右，待仪器稳定后，方可进行正式测试。注意仪器点火后，不可空烧，一定要把毛细管放入蒸馏水中进样，同时废液管有水排出。

（5）应用操作　开机后，仪器进入自检，初始化成功后进入主菜单界面。主菜单界面包含 3 个菜单选项：【曲线标定】、【样品测试】和【系统设置】。

点击【系统设置】进入该界面，依次设置计算方法、显示语言、浓度单位、测试元素和灵敏度，点击【保存设置】后，点击屏幕右上角【Menu】回到主菜单界面。

在主菜单界面点击【曲线标定】进入该界面，表格上端显示对应元素的当前模拟值。表格中央为测试操作区域，可进行曲线标定操作，每个元素仪器可以测定 12 个曲线点。进样后，点选 C 列任意一行单元格，输入样品对应的浓度值并点击【ENTER】确认。点击该浓度值对应的 A 列空白单元格，当表格上端模拟值稳定后，点击操作表格下方的【确定】。标准系列所有溶液标定完成后，点击【曲线】可查看生成的校准曲线，点击【返回】回到标定界面。

在主菜单界面点选【样品测试】后进入该界面。进样后，当表格上端浓度显示栏的数值稳定后，点击操作区域的【确认】，当前测定浓度将自动记录在表格内。仪器可测定 100 行数据结果。

2. 配制待测溶液（土壤样品中水溶性 K、Na 含量的测定 ）

（1）土壤样品的预处理　土壤样品通常用浸提法处理样品。待测溶液中 Ca 对 K 的干扰不大，而对 Na 的干扰较大。可以用 $Al_2(SO_4)_3$ 抑制钙的激发，减少干扰。

称取 10g 通过 1mm 筛孔烘干土样放入 100mL 带塞的锥形瓶中，加水 50mL 盖好瓶盖，在振荡机上振荡 3min 立即过滤，根据具体情况吸取一定体积的浸出液，放入 50mL 容量瓶中，加 1mL $Al_2(SO_4)_3$ 溶液，定容，备用。

（2）标准系列溶液的配制　在 8 个 50.0mL 容量瓶中，分别加入 2.00mL、4.00mL、6.00mL、8.00mL、10.00mL、12.00mL、16.00mL、20.00mL 的钾标准工作溶液，蒸馏水定容，即为钾标准系列溶液。同理，配制相应的钠标准系列溶液和钾、钠混合标准系列溶液。

（3）未知样品溶液的配制　在 3 个 50.0mL 容量瓶中，分别准确移取钾未知溶液、钠未知溶液以及钾钠混合未知溶液各 5.00mL，蒸馏水定容，备用。

3. 校正和操作

仪器预热后，由稀到浓依次测定钾标准系列溶液、钠标准系列溶液以及钾钠混合标准系列溶液的发射强度，每个溶液测三次，取平均值。然后在火焰光度计上测试未知液，记录相应读数，在标准曲线上查出其浓度。

测试样品时，每两个样品间应用蒸馏水冲洗归零，排除样品间的互相干扰。

4. 关机步骤

仪器使用完毕，务必用蒸馏水进样 5min，清洗流路后，应首先关闭液化燃气罐的开关阀，此时仪器火焰逐渐熄灭。关闭燃气阀（LPG Valve），但微调阀（Fine Adjust）不要关，下次开机点火仪器能保持原有的火焰大小。最后切断主机和空气压缩机的电源。

【数据处理】

以浓度为横坐标，K、Na 的发射强度为纵坐标，分别绘制 K、Na 的标准曲线。由未知试样的发射强度求出样品中 K、Na 的含量（用质量分数表示）。

【思考题】

1. 火焰光度计中的滤光片有什么作用？
2. 如果标准系列溶液浓度范围过大，则标准曲线会弯曲，为什么会有这种情况发生？
3. 火焰光度法属于哪类光谱分析方法？用火焰光度是否能测电离能较高的元素，为什么？
4. 本实验引起误差的因素有哪些？

实验十三　ICP-AES 同时测定矿泉水中钙、镁和铁

【实验目的】

1. 掌握电感耦合等离子体发射光谱（ICP-AES）法的基本原理。
2. 了解 ICP-AES 光谱仪的基本结构。
3. 学习用 ICP-AES 法测定矿泉水中微量元素的方法。

【实验原理】

ICP 光谱分析法是用电感耦合等离子体作为激发光源的一种发射光谱分析法。等离子体是氩气通过炬管时，在高频电场的作用下电离而产生的。它具有很高的温度，样品在等离子体中的激发比较完全。

在等离子体某一特定的观测区，即固定的观察高度，测定的谱线强度与样品浓度具有一定的定量关系。通常用 1 次或 2 次或 3 次方程拟合工作曲线。因此，只要测量出样品的谱线强度，就可算出其浓度。

【仪器和试剂】

1. PSX 高频电感耦合等离子体光谱仪（美国 BAIRD 公司）。

2. 高纯氩气；碳酸钙（分析纯）；高纯金属镁；高纯金属铁；硝酸（优级纯）；二次蒸馏水；盐酸（优级纯）。

【实验步骤】

1. 认真阅读 PSX 高频电感耦合等离子体光谱仪的说明书。

2. 配制标准溶液和样品溶液

（1）配制标准贮备液（均为 1mg/mL）　称取 105～110℃ 干燥至恒重的碳酸钙（$CaCO_3$）2.4972g，置于 300mL 烧杯中，加水 20mL，滴加 1:1 盐酸至完全溶解，再加 10mL 1:1 盐酸，煮沸除去二氧化碳，冷却后移入 1L 容量瓶中，用二次去离子水稀释至刻度，摇匀。

称取 1.0000g 金属镁，加入 20mL 水，慢慢加入 20mL 盐酸，待完全溶解后加热煮沸，冷却，移入 1L 容量瓶中，用二次去离子水稀释至刻度，摇匀。

称取 1.0000g 金属铁，用 30mL 1:1 硝酸溶解（也可用 1:1 盐酸或 1:1 硫酸溶解），溶解后加热除去二氧化氮，冷却，移入 1L 容量瓶中，用二次去离子水稀释至刻度，摇匀。

（2）标准工作溶液　将钙、镁和铁的标准溶液贮备液均稀释成 0.01mg/mL 的工作液。

（3）配制标准溶液　取 5 只 100mL 的容量瓶，分别加入 0mL、1.0mL、10.0mL、20.0mL、40.0mL 的钙工作液；分别加入 0mL、0.5mL、2.0mL、10.0mL、20.0mL 的镁工作液；分别加入 0mL、0.1mL、0.5mL、1.0mL、4.0mL 的铁工作液。然后向各个容量瓶加入 5mL 硝酸，用二次去离子水稀释至刻度，摇匀。

（4）配制样品溶液　取 50mL 矿泉水样于 100mL 容量瓶中，加入 5mL 硝酸，用二次去离子水稀释至刻度，摇匀。

3. 设置分析参数

（1）打开计算机，放入 PXS 软件。

（2）从主菜单中选择 Edit Analytical Task 程序。

① 用 Start New Analytical Task 程序建立分析任务，并给予名称。

② 在 Element Selection 程序中，用键盘输入分析元素，波长和光谱级如下：

元素	波长/nm	光谱级
Ca	317.933	Ⅱ
Mg	279.553	Ⅱ
Fe	259.940	Ⅱ

③ 用 Calibration Data 程序输入 Ca、Mg 和 Fe 标准溶液的名称、单位和浓度值。

④ 在 Wash Flush Integration Time 程序中，按 F 键输入冲洗时间为 1s；按 I 键输入曝光时间为 0.5s。

⑤ 输入波长校正参数，包括标准溶液名称、阈值和扫描范围。

4. 点燃等离子体

按仪器说明书开机，先开循环冷却水，再开氩气，然后点燃等离子体。

5. 校正波长

6. 操作条件的选择

（1）入射功率　将观察高度和载气流量两个条件固定，把入射功率分别调至 0.6kW、0.7kW、0.8kW、0.9kW 和 1.0kW，测定 4 号标准溶液和 1 号标准溶液（即空白溶液）的谱线强度（使用 Run Analytical Task 中的 Run Sample 程序进行测量）。根据各元素的信噪比大小选择出最佳的入射功率。

$$信噪比＝(谱线强度－空白强度)/空白强度$$

信噪比越大越好。

（2）观察高度 在选好的入射功率和固定的载气流量条件下，分别改变观察高度为 14mm、15mm、16mm、17mm 和 18mm，测定谱线强度。同样计算出不同条件下的信噪比，并选择最佳的观察高度。

（3）载气流量 将入射功率和观察高度均调至已选值，改变载气气压分别为 16psi、17psi、18psi、19psi 和 20psi（psi 为磅/平方英寸，1psi ＝ 0.068atm），以改变载气流量，测定不同条件下的谱线强度，通过比较信噪比找到最佳载气压力，并调至此值。

7. 制作工作曲线

首先测定标准溶液的谱线强度，并把测定结果存储。

然后选择主菜单中的 Curvefit Element 程序，用 Automated Curvefit 程序自动拟合线性工作曲线。

8. 样品测定

将样品溶液用蠕动泵输入等离子体中，运行 Run Sample 程序进行测量。计算机将测量结果处理后，以浓度的形式显示出来，将浓度值记录。测三次，取平均值。

9. 测定结束后，将蒸馏水引入等离子体中清洗雾室及炬管。然后熄灭等离子体，关闭计算机，关闭氩气钢瓶，关循环冷却水，按与开机相反的顺序关闭仪器。

【数据处理】

1. 作出标准样品的校准曲线。

2. 分别求出矿泉水中 Ca、Mg、Fe 的浓度（g/mL）。

【注意事项】

1. 应按高压钢瓶安全操作规定使用高压氩气钢瓶。

2. 仪器室排风良好，等离子炬焰中产生的废气或有毒蒸气应及时排除。

3. 点燃等离子体后，应尽量少开屏蔽门，以防高频辐射伤害身体。

4. 定期清洗炬管及雾室。

【思考题】

1. 仪器的最佳化过程中有哪些重要参数？作用如何？

2. ICP-AES 法定量的依据是什么？怎样实现这一测定？

第4章 原子吸收光谱法

4.1 基本原理

4.1.1 原子吸收光谱的产生

原子吸收是一个受激吸收跃迁的过程。当有辐射通过自由原子蒸气，且入射辐射的频率等于原子中外层电子由基态跃迁到较高能态（一般情况下都是第一激发态）所需能量的频率时，原子就产生共振吸收，电子由基态跃迁到激发态，同时伴随着原子吸收光谱的产生。原子吸收光谱位于光谱的紫外区和可见光区。

由于原子能级是量子化的，因此，在所有的情况下，原子对辐射的吸收都是有选择性的。由于各元素的原子结构和外层电子的排布不同，元素从基态（E_0）跃迁至第一激发态（E_1）时吸收的能量不同，因而各元素的共振吸收线具有不同的特征。

$$\Delta E = E_1 - E_0 = h\nu = h\frac{c}{\lambda} \tag{4.1}$$

这种从基态到第一激发态间的直接跃迁是最易发生的，因此对大多数元素来说，共振线是元素的灵敏线。原子吸收分析中，就是利用处于基态的待测原子蒸气对从光源辐射的共振线的吸收来进行分析的。

4.1.2 基态原子与待测元素含量的关系

原子吸收光谱法采用的原子化方法主要有火焰法和无火焰法。在通常的原子吸收测定条件下，待测元素原子蒸气中的基态原子的分布占绝对优势（见表4.1），因此可用基态原子数 N_0 代表在吸收层中的原子总数 N。

表 4.1 四种元素共振线的 N_j/N_0 值

元素	共振线/nm	P_j/P_0	激发能/eV	N_j/N_0		
				2000K	3000K	5000K
Cs	852.1	2	1.46	4.44×10^{-4}	7.42×10^{-3}	6.82×10^{-2}
Na	589.0	2	2.104	9.86×10^{-6}	5.83×10^{-4}	1.51×10^{-2}
Ca	422.7	3	2.932	1.22×10^{-7}	3.55×10^{-5}	3.33×10^{-3}
Zn	213.9	3	5.759	7.45×10^{-15}	5.50×10^{-10}	4.32×10^{-4}

注：N_j/N_0 是激发态和基态的原子数之比。

在实际工作中，要求测定的并不是蒸气相中的原子浓度，而是被测试样中某元素的含量。当试液原子化效率一定时，待测元素在吸收层中的原子总数 N 与试液中待测元素的浓度 c 成正比，因此有

$$N \approx N_0 = Kc \tag{4.2}$$

式中，K 是与实验条件有关的比例常数。

4.1.3 原子吸收光谱法定量公式

目前原子吸收分析是测量峰值吸收，做法是采用空心阴极灯等特制光源，发射出的特征

谱线的锐线光，通过待测元素原子蒸气时进行测定。例如测定试液中镁时，可用镁元素空心阴极灯作光源，这种元素灯能发射出镁元素各种波长的特征谱线的锐线光，通常选用其中的 Mg 285.2nm（即 2852Å）共振线作为分析线，见图 4.1。

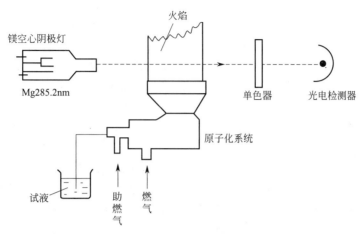

图 4.1　原子吸收分析示意图

分析线被吸收的程度，可用朗伯-比耳定律表示，

$$A = -\lg(I_0/I) = abN_0 \tag{4.3}$$

式中，A 为吸光度；a 为吸收系数；b 为吸收层厚度，在实验中为一定值；N_0 为待测元素的基态原子数。由式(4.2) 和式(4.3) 可知，

$$A = K'c \tag{4.4}$$

式中，K' 在一定实验条件下是一常数，因此吸光度与浓度成正比，此关系就是原子吸收光谱法定量分析的依据。

4.2　原子吸收分光光度计

原子吸收分光光度计又称原子吸收光谱仪，有单光束和双光束两种类型，其主要部件基本相同，有光源、原子化系统、分光系统及检测系统等。单光束原子吸收分光光度计的基本结构如图 4.2 所示。

4.2.1　光源

最常用的光源是空心阴极灯，其结构如图 4.3 所示，由一个含待测元素的金属或合金制

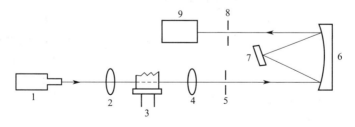

图 4.2　单光束原子吸收分光光度计示意图

1—光源；2,4—透镜；3—（火焰）原子化器；5,8—入射狭缝与出射狭缝；
6—凹面反射镜；7—光栅；9—检测系统

37

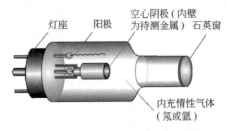

灯座　阳极　空心阴极（内壁为待测金属）　石英窗

内充惰性气体（氖或氩）

图4.3　空心阴极灯

成的空心圆筒形阴极和一个钨棒阳极构成，灯管前方为石英窗，管内充有低压惰性气体氖或氩。

空心阴极灯放电是一种特殊形式的低压辉光放电，放电集中于阴极空腔内。当在两极之间施加几百伏电压时，便产生辉光放电。在电场作用下，电子从空心阴极内壁射向阳极的途中，与惰性气体原子碰撞并使之电离，而带正电荷的惰性气体离子则向阴极内壁猛烈轰击，使阴极表面的金属原子溅射出来。溅射出来的金属原子再与电子、惰性气体原子及离子发生碰撞而被激发，于是发射出该元素特征波长的共振发射线。测定每种元素，都要用该种元素的空心阴极灯。

空心阴极灯常采用脉冲供电方式，以改善放电特性，同时便于使有用的原子吸收信号与原子化器的直流发射信号（发射背景）区分开，称为光源调制。在实际工作中，要获得既稳定，又有一定强度的锐线光，应选择合适的工作电流。使用灯电流过小，放电不稳定；灯电流过大，溅射作用增加，加快惰性气体的"消耗"，灯寿命缩短，而且原子蒸气密度增大，谱线变宽，甚至引起自吸，导致测定灵敏度下降。

4.2.2　原子化装置

试样中被测元素的原子化是整个原子吸收光谱分析过程的关键环节，因此，原子化装置是原子吸收分光光度计的核心部件。可分为火焰和无火焰原子化装置两种，在原子吸收分光光度计上，一般都配有这两种原子化装置。火焰法成熟、稳定和价廉，无火焰法最常用的是石墨炉法，具有较高的灵敏度，一般比火焰法高2～3个数量级。

4.2.2.1　火焰原子化装置

火焰原子化法常用的是预混合型原子化器，其结构如图4.4所示。它由雾化器和燃烧器两部分组成。当助燃气（空气或N_2O）急速流过毛细管4的喷嘴时形成负压，试液被吸入毛细管，并迅速喷射出来，形成雾粒，雾粒随着气流撞击在喷嘴正前方的撞击球3上，被分散成气溶胶，未被分散的便凝聚成液滴，由废液管7排出。气溶胶、助燃气和燃气三者在预混合室8内混合均匀，一起进入燃烧器喷灯头2，试液在火焰1中进行原子化。整个火焰原子化历程为：试液→喷雾→分散→蒸发→干燥→熔融→汽化→离解→基态原子，同时还伴随着电离、化合、激发等副反应。

这种原子化器，火焰噪声小，稳定性好，易于操作。缺点是试样利用率大约只有10%，大部分试液由废液管排出。被测的大多数金属元素灵敏度为mg/L级。

4.2.2.2　无火焰原子化装置

无火焰原子化法常用的是管式石墨炉原子化器，其结构如图4.5所示。它由加热电源、保护气控制系统、循环冷却水系统和石墨管状炉组成。测定时，将样品置于石墨管中，在不断通入惰性气体（Ar）的情况下，由加热电源供给大电流（300A）通过石

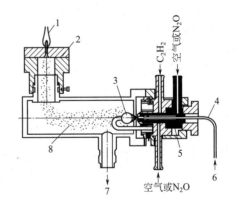

C_2H_2　空气或N_2O

空气或N_2O

图4.4　预混合型原子化器的结构

1—火焰；2—喷灯头；3—撞击球；4—毛细管；5—雾化器；6—试液；7—废液管；8—预混合室

墨管而加热升温（最高温度可达到 3000℃），待测组分被原子化。其原子化历程由微机控制实行程序升温，通常包括干燥、灰化、原子化和净化等步骤。

循环冷却水系统用于给石墨炉提供恒定的冷却。保护气控制系统保护石墨管和试样在高温下不被氧化。外气路中的氩气沿石墨管外壁流动，以保护石墨管不被烧蚀，内气路中氩气从管两端流向管中心，由管中心孔流出，以有效地除去在干燥和灰化过程中产生的基体蒸气，同时保护已原子化了的原子不再被氧化。在原子化阶段，停止通气，以延长原子在吸收区内的平均停留时间，避免对原子蒸气的稀释。

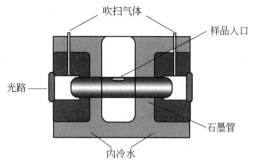

图 4.5 管式石墨炉原子化器的结构

石墨炉原子化器是在惰性气体保护下于强还原性石墨介质中进行试样原子化的，有利于氧化物分解和自由原子的生成。试样用量小，样品利用率高，原子在吸收区内平均停留时间较长，绝对灵敏度高，被测的大多数金属元素灵敏度为 $\mu g/L$ 级。液体和固体试样均可直接进样。缺点是试样组成不均匀性影响较大，有强的背景吸收，测定精密度不如火焰原子化法。

4.2.3 分光系统

分光系统（单色器）主要由一些光学元件如狭缝、光栅、反射镜、透镜等组成。它的主要作用是将原子吸收所需的待测元素的共振吸收谱线与邻近谱线分开，然后进入检测装置。为了防止原子化时产生的辐射不加选择地都进入检测器以及避免光电倍增管的疲劳，单色器通常配置在原子化器后。

影响分析测定结果的分光系统的性能指标是通带宽度 W（nm），表示为：

$$W = DS \times 10^{-3} \tag{4.5}$$

式中，D 为光栅线色散率的倒数，nm/mm；S 为狭缝宽度，μm。原子吸收光谱仪中，单色器中的光栅一定，D 为一定值，因此狭缝宽度的选择将直接影响分析测定的结果。

4.2.4 检测系统

检测系统主要由检测器、放大器、对数变换器和显示装置组成。原子吸收分光光度计广泛采用光电倍增管作检测器。它的作用是将单色器分出的光信号转变为电信号。这种电信号一般比较微弱，需经放大器放大，信号经对数变换后由显示装置读出。非火焰原子吸收法，由于测量信号具有峰值形状，故宜用峰高法或积分法进行测量。

4.2.5 TAS-990 型火焰原子吸收光谱仪的使用方法

不同厂家生产的各种不同型号的原子吸收分光光度计的使用方法基本相同，下面以 TAS-990 型原子吸收光谱仪为例，介绍其操作步骤。

4.2.5.1 火焰法

（1）开机 打开工作站（电脑）电源开关，打开 TAS-990 型原子吸收光谱仪器电源开关，双击"AAvin 软件"图标，点击"联机"，仪器自检。

（2）参数设置 自检完毕后，选择元素灯，设置元素测量参数，在分析线波长处寻峰，使共振线波长处的能量在 95% 以上，并设置样品测量参数。

（3）预热 仪器预热 30min。

（4）通气 打开空气压缩机（操作顺序：风机开关→工作开关），调出口压力为

0.25MPa；打开乙炔钢瓶开关，调出口压力为 0.05MPa。

（5）点火　检查仪器废液排放出口的水封，保证废液管内有水，确认点火保护开关已关闭，点火。

（6）测量　毛细管吸入去离子水，校零；再用毛细管吸入样品溶液，测量；每测完一个样品，吸去离子水 5～10s，避免样品相互干扰。

（7）清洗　测量完毕，吸去离子水 5～10min，清洗原子化装置。

（8）关机　关闭乙炔，灭火；再关空压机（顺序：工作开关→放水，风机开关）；关闭仪器及工作站。

4.2.5.2　石墨炉法

（1）开机　打开工作站（电脑）电源开关，打开 TAS-990 型原子吸收光谱仪器电源开关，双击"AAvin 软件"图标，点击"联机"，仪器自检。

（2）通气通水　打开保护气（Ar）钢瓶开关，出口压力要大于 0.01MPa；打开冷却水循环装置开关，通冷却水。

（3）装石墨管　在打开的界面上，点击"石墨管"，石墨管架弹开，装上石墨管，点击"确定"。

（4）参数设置　选择元素灯，设置元素测量参数，在分析线波长处寻峰，使共振线波长处能量在 95％以上，并设置样品测量参数，选择加热程序以及扣背景方式。

（5）预热　仪器预热 30min。

（6）测量　空烧 2～3 次，吸光度值降到 0.003 以下；用微量取样器取样，在石墨炉原子化装置的样品入口处，注入样品溶液，按测量键，原子化装置按干燥、灰化、原子化和净化进行程序升温，最后显示读数。

（7）关机　依次关闭保护气，冷却水，仪器。

4.3　实验部分

实验十四　火焰原子吸收光谱法测定水中的钙

【实验目的】

1. 掌握火焰原子吸收光谱法的基本原理。
2. 熟悉原子吸收分光光度计的组成部件及原理。
3. 学习火焰原子吸收光谱仪的操作技术。
4. 了解火焰原子吸收光谱法在水质分析中的应用。

【实验原理】

钙离子溶液雾化成气溶胶后进入火焰，在火焰温度下气溶胶中的钙变成钙原子蒸气，由光源钙空心阴极灯辐射出波长为 422.7nm 的钙特征谱线，被钙原子蒸气吸收。在恒定的实验条件下，吸光度与溶液中钙离子浓度成正比，即 $A = K'c$。定量分析中可采用标准曲线法和标准加入法。

标准曲线法是配制已知浓度的标准溶液系列，在一定的仪器条件下，依次测出它们的吸光度，以标准溶液的浓度为横坐标，相应的吸光度为纵坐标，绘制标准曲线。试样经适当处理后，在与测量标准曲线吸光度相同的实验条件下测量其吸光度，依试样溶液的吸光度，在标准曲线上即可查出试样溶液中被测元素的含量，再换算成原始试样中被测元素的含量。该法适用于分析共存的、基体成分较为简单的试样。

当试样的组成比较复杂，配制的标准溶液与试样组成之间存在较大的差别时，常采用标准加入法。该法是取若干的容量瓶，分别加入等体积的试样溶液，从第二份开始分别按比例加入不等量的待测元素的标准溶液，然后用溶剂稀释定容，依次测出它们的吸光度。以加入的标样质量 m 为横坐标，相应的吸光度 A 为纵坐标，绘出标准曲线（见图 4.6）。延长所绘的标准曲线与横坐标相交，交点至原点的距离即为加入容量瓶的试样中被测元素的质量，从而可以求出试样中被测元素的含量。

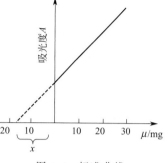

图 4.6　标准曲线

分析方法的精密度高低、偶然误差的大小可用仪器测量数据的标准偏差 RSD 来衡量，对于仪器分析方法要求 $RSD < 5\%$。分析方法是否准确、是否存在较大的系统误差，常通过回收试验加以检查。回收试验是在测定试样的待测组分含量（X_1）的基础上，加入已知量的该组分（X_2），再次测定其组分含量（X_3），从而可计算：

$$回收率 = [(X_3 - X_1)/X_2] \times 100\%$$

对微量组分回收率要求在 $95\% \sim 110\%$。自来水中其他杂质元素对钙的原子吸收光谱测定基本上没有干扰，试样经适当稀释后，即可采用标准曲线法进行测定。

【仪器和试剂】

1. 原子吸收分光光度计：TAS990 型（普析通用分析仪器厂）或其他型号。

2. 钙空心阴极灯。

3. 空气压缩机。

4. 乙炔钢瓶。

5. 容量瓶、移液管等。

6. 钙标准贮备液 1（1000μg/mL）：将 2.4972g 于 110℃ 烘干过的碳酸钙溶解于 1：4 硝酸中，用水稀释到 1L。

7. 钙标准贮备液 2（100μg/mL）：准确称取 0.1369g 六水氯化钙，用去离子水稀释到 250mL。

8. 自来水样。

【实验步骤】

1. 设置原子吸收分光光度计的实验条件

以 TAS990 型原子吸收分光光度计为例（其他型号依具体仪器而定），设置下列测量条件：

（1）钙吸收线波长　　　　　422.7nm

（2）空心阴极灯电流　　　　3.0mA

（3）光谱带宽　　　　　　　0.4nm

（4）燃烧器高度　　　　　　6.0mm

（5）燃气流量　　　　　　　1.7L/min

2. 标准曲线法

（1）配制钙标准使用液（25.0μg/mL）：准确吸取 2.50mL 1000μg/mL 或 25.00mL 100μg/mL 钙标准贮备液，置于 100mL 容量瓶中，用去离子水稀释至刻度，摇匀备用。该标准液含钙 25.0μg/mL。

（2）配制标准溶液系列：取 5 只 100mL（或 50mL）容量瓶，分别加入 25.0μg/mL 标准钙溶液 0.00mL、20.00mL、40.00mL、60.00mL、80.00mL（或 0.00mL、5.00mL、10.00mL、15.00mL、20.00mL、25.00mL），用去离子水稀释至刻度，摇匀。该标准系列浓度分别为 0.0μg/mL、5.0μg/mL、10.0μg/mL、15.0μg/mL、20.0μg/mL（或 0.0μg/mL、2.5μg/mL、5.0μg/mL、7.5μg/mL、10.0μg/mL、12.5μg/mL）。

（3）配制待测水样溶液：准确吸取 25mL 自来水样于 50mL 容量瓶中，加入去离子水稀释至刻度，摇匀，得样品 A；准确吸取 25mL 自来水样于 50mL 容量瓶中，加入 25.0μg/mL 钙标准溶液 10.00mL，以去离子水稀释至刻度，摇匀，得样品 B。

（4）以去离子水为空白，测定上述各溶液的吸光度，以标准曲线法求出自来水中钙含量，并计算样品测定的回收率。

3. 标准加入法

（1）配制钙标准使用液（10.0μg/mL）：准确吸取 1.00mL 1000μg/mL 钙标准贮备液，置于 100mL 容量瓶中，用去离子水稀释至刻度，摇匀备用。该标准液含钙 10.0μg/mL。

（2）吸取 5 份 10.00mL 自来水样，分别置于 25mL 容量瓶中，各加入 10.0μg/mL 钙标准使用液 0.0mL、1.0mL、2.0mL、3.0mL、4.0mL 于容量瓶中，以去离子水稀释至刻度，配制成一组标准溶液。

（3）以去离子水为空白，测定上述各溶液的吸光度。以标准加入法求出自来水中钙含量。

4. 按照仪器操作规程使用原子吸收分光光度计。在测定之前，先用去离子水喷雾，调节读数至零点，然后按照浓度由低到高的原则，依次测定溶液的吸光度值。

5. 测定结束后，先吸喷去离子水，清洁燃烧器，然后关闭仪器。关仪器时，必须先关闭乙炔，再关电源，最后关闭空气。

【数据处理】

1. 标准曲线法

（1）记录测定钙系列标准溶液的吸光度值，然后以吸光度为纵坐标，系列标准浓度为横坐标绘制标准曲线，求出线性方程和相关系数。根据样品 A 的吸光度得出样品中钙的浓度，再换算为自来水中钙的浓度（μg/mL）。

（2）由样品 A、B 中钙的浓度，和加入已知量的钙浓度，计算样品测定的回收率。

（3）记录样品测定的 RSD。

2. 标准加入法

绘制吸光度对标准钙质量的标准曲线，将标准曲线延长至与横坐标相交处，则交点至原点间的距离对应于 10.00mL 自来水中对应的钙质量，计算出自来水中钙的含量，以 μg/mL 计。

【注意事项】

1. 单色光束仪器一般预热 10~30min。

2. 严格按照仪器操作规程进行操作，注意安全。点燃火焰时，应先开空气，后开乙炔。熄灭火焰时，应先关乙炔后关空气，并检查乙炔钢瓶总开关关闭后压力表指针是否回到零，否则表示未关紧。

3. 因待测元素为微量，测定中要防止污染、挥发和吸附损失。

【思考题】

1. 试述火焰原子吸收光谱法具有哪些特点？

2. 为什么燃烧器高度的变化会明显影响钙的测量灵敏度？

3. 试述标准曲线法的特点及适用范围。若试样成分比较复杂，应如何进行测定？

实验十五　原子吸收光谱法测定井水、河水中的镁

【实验目的】

1. 进一步了解原子吸收分光光度计的基本构造并熟悉其操作方法。

2. 掌握原子吸收光谱法测定金属元素的原理与方法。

3. 掌握标准加入法在实际样品分析中的应用。

4. 掌握火焰原子吸收法测镁的条件。

【实验原理】

将样品试液吸入空气-乙炔火焰中，在火焰的高温下，镁化合物离解为基态镁原子，基态镁原子蒸气对镁空心阴极灯发射的特征谱线产生吸收。将测得的试样溶液的吸光度扣除试剂空白的吸光度，根据原子吸收定量公式 $A = K'c$，采用标准加入法，确定试液中的镁含量。

【仪器和试剂】

1. 原子吸收分光光度计（TAS-986 型/GGX-Ⅱ型），镁空心阴极灯，乙炔钢瓶，空气压缩机。

2. HCl（1∶1），HCl（1%）。

3. 镁标准贮备溶液（1.00mg/mL）：称取高纯金属镁 1.000g 于 100mL 烧杯中，以少量 HCl（1∶1）溶解后转入 1L 容量瓶中，用 1% HCl 定容，摇匀。

4. 镁标准溶液（10.0mg/mL）：准确移取 1.00mL 镁标准贮备溶液于 100mL 容量瓶中，用蒸馏水稀释、定容、摇匀（临用前配制）。

5. 1L、100mL 容量瓶。

6. 蒸馏水。

【实验步骤】

1. 仪器测定条件：波长 285.2nm，狭缝宽度 0.2nm，灯电流 1.0mA，燃烧器高度 5～6mm，乙炔流量 2.0mL/min，空气流量 7.0mL/min。

2. 样品溶液的配制：在 5 个 100mL 容量瓶中，各加入 4.00mL 井水或 10.00mL 过滤后的河水样品，分别加入 10.0μg/mL 的镁标准溶液 0.00mL、0.50mL、1.00mL、1.50mL 和 2.00mL，用蒸馏水定容，摇匀。

3. 根据仪器操作步骤按由低浓度到高浓度的顺序测定溶液的吸光度值。

【数据处理】

1. 标准曲线的绘制：以镁标准溶液的吸光度 A 为纵坐标，各溶液中加入的镁标准溶液的浓度 c 为横坐标，绘制标准曲线。

2. 用直线外推法求得水样中镁的含量。

【注意事项】

1. 实验时应打开通风设备，使金属蒸气及时排放到室外。

2. 点火时，先开空气钢瓶后开乙炔钢瓶；熄火时则先关乙炔，后关空气。室内若有乙炔气味，应立即关闭乙炔气源，通风，排除后再继续实验。

3. 应关掉灯电源后再更换空心阴极灯，以防触电或造成灯电源短路。

4. 钢瓶附近严禁烟火，排液管应水封，以免回火。

【思考题】

1. 原子吸收光谱法为什么要用空心阴极灯？

2. 简述原子吸收光谱仪的组成，各部分的作用。

实验十六　原子吸收光谱法测定锌

【实验目的】

1. 进一步熟悉原子吸收分光光度计的基本构造和操作方法。

2. 掌握火焰原子吸收法测锌的条件。

3. 掌握标准曲线法进行样品测定的方法。

4. 进一步熟悉和掌握原子吸收分光光度法进行定量分析的方法。

5. 学习和掌握样品的湿法硝化或干灰化技术。

【实验原理】

Zn 是生物体必需的微量元素，广泛分布于有机体的所有组织中，是多种酶的重要成分。例如，Zn 是叶绿体内碳酸酐酶的组成成分，能促进植物的光合作用，对植物的生长发育及产量有着重大影响。对于人和动物，缺 Zn 会阻碍蛋白质的氧化并影响生长素的形成，表现为食欲不振，生长受阻，严重时会影响繁殖机能。因此，Zn 含量是土壤肥力、人和动植物营养分析中经常测定的指标。

将样品溶液（如味精溶液）或采用湿法消化/干法灰化人或动物的毛发得到的试样溶液吸入空气-乙炔火焰中，在火焰的高温下，锌化合物解离为基态锌原子，基态锌原子蒸气对锌空心阴极灯发射的特征谱线（213.9 nm）产生吸收。将测得试样溶液的吸光度值扣除试剂空白值后，利用标准曲线确定试液中的锌含量。

【仪器和试剂】

1. 火焰原子吸收法测定味精中的锌

（1）TAS-986 型/GGX-Ⅱ型原子吸收分光光度计，锌空心阴极灯，乙炔钢瓶，空气压缩机。

（2）HCl（1∶1），HCl（1%）。

（3）锌标准贮备溶液（1.00mg/mL）：称取高纯金属锌 1.000g 于 100mL 烧杯中，以少量 HCl（1∶1）溶解后转入 1L 容量瓶中，用 1% HCl 定容，摇匀。

（4）锌标准溶液（10.0μg/mL）：准确移取 1.00mL 锌标准贮备溶液于 100mL 容量瓶中，用蒸馏水稀释、定容，摇匀（临用前配制）。

（5）1L、100mL、50mL 容量瓶。

2. 火焰原子吸收法测定毛发中的锌

（1）原子吸收分光光度计，锌空心阴极灯，乙炔钢瓶、无油空气压缩机或空气钢瓶，聚乙烯试剂瓶（500mL），高温电炉（干灰化法）或可调温电加热板（湿法硝化），烧杯（250mL），容量瓶（50mL、500mL），吸量管（5mL），干灰化法：瓷坩埚（30mL），湿法硝化：锥形瓶（100mL），曲颈小漏斗。

（2）Zn 贮备标准溶液（0.5mg/mL）：准确称取 0.5000g 金属 Zn（99.9%），溶于 10mL 浓 HCl 中，然后在水浴上蒸发至近干，用少量水溶解后移入 1000mL 容量瓶中，用水稀释至刻度，摇匀，转入聚乙烯试剂瓶中贮存。

（3）Zn 工作标准溶液（100μg/mL）：吸取 10.00mL Zn 的贮备标准液置于 50mL 容量瓶中，用 0.1mol/L HCl 定容。

（4）1% HCl 溶液：10% HCl 溶液，用于干灰化法。

（5）HNO_3-$HClO_4$ 混合溶液：浓 HNO_3(d=1.42)-$HClO_4$(60%) 以 4：1 比例混合而成，用于湿法硝化。

【实验步骤】

1. 火焰原子吸收法测定味精中的锌

（1）仪器测定条件：波长 213.8nm，通带 0.2nm，灯电流 1.0mA，燃烧器高度 6mm，乙炔流量 2.0mL/min，空气流量 7.0mL/min。

（2）锌系列标准溶液的配制：准确移取 0.10mL、0.20mL、0.30mL、0.40mL 和 0.50mL 锌标准溶液，分别置于 5 个 50mL 容量瓶中，用蒸馏水稀释至刻度，摇匀。

（3）样品溶液的配制：准确称取味精 4.5～5.0g 两份，加 20mL 水溶解后，转入 50mL 容量瓶中，以水定容，摇匀。

（4）根据仪器操作步骤按由低浓度到高浓度的顺序测定标样溶液和样品溶液的吸光度值。

2. 火焰原子吸收法测定毛发中的锌

（1）样品的采集与处理　用不锈钢剪刀取 1～2g 枕部距发根 1～3cm 处的发样，剪碎至 1cm 左右，于烧杯中用中性洗涤剂浸泡 2min，然后用自来水冲洗至无泡，这个过程一般须重复 2～3 次，以保证洗去头发样品上的污垢和油腻。最后，发样用蒸馏水冲洗三次，晾干，置烘箱中于 80℃ 干燥至恒重（6～8h）。

准确称取 0.1g 发样于 30mL 瓷坩埚中，先于电炉上炭化，再置于高温电炉中，升温至 500℃ 左右，直至完全灰化。冷却后用 5mL 10% HCl 溶液溶解，用 1% HCl 溶液定容成 50.0mL，待测（干灰化法）。

也可将准确称取的 0.1g 发样置于 100mL 锥形瓶中，加入 5mL 4：1 HNO_3-$HClO_4$，上加弯颈小漏斗，于可控温电热板上加热消化，温度控制在 140～160℃，待约剩 0.5mL 清亮液体时，冷却，加 10mL 水微沸数分钟再至近干，放冷，反复处理二次后用水定容成 50.0mL，待测。同时制作空白（湿法硝化）。

（2）标准系列溶液的配制　在五个 50mL 容量瓶中，分别加入 1.00mL、2.00mL、3.00mL、4.00mL、5.00mL Zn 的工作标准溶液，加水稀释至刻度，摇匀，待测。

（3）测量　按"原子吸收分光光度计"中的仪器操作步骤开动仪器，选定测定条件：测定波长，空心阴极灯的灯电流，狭缝宽度，空气流量，乙炔流量等。

先安装锌空心阴极灯，用蒸馏水调节仪器的吸光度为零，按由稀到浓的次序测量标准系列溶液和未知试样的吸光度。

【数据处理】

1. 标准曲线的绘制：以锌标准溶液的吸光度 A 为纵坐标，相应的浓度 c 为横坐标，绘制标准曲线。

2. 样品溶液中锌含量的计算：从标准曲线上查出 c_x 值（或根据标准曲线的线性回归方程计算出 c_x 值），然后乘以稀释倍数后即得味精中锌的含量。

【注意事项】

试样的吸光度应在标准曲线的中部，否则，可改变取样的体积。

【思考题】

1. 试述标准曲线法的特点及适用范围。

2. 如果试样成分比较复杂，应该怎样进行测定？

3. 原子吸收分光光度法中，吸光度 A 与样品浓度 c 之间具有什么样的关系？当浓度较高时一般会出现什么情况？

4. 测毛发的锌含量有什么实际意义？

实验十七　火焰原子吸收法测定样品中的铜含量

【实验目的】

1. 通过实验掌握原子吸收方法的基本原理和原子吸收分光光度仪的使用。

2. 学习火焰原子吸收法测量条件的选择方法。

3. 掌握使用标准曲线法测定微量元素的实验方法。

【实验原理】

采用火焰原子吸收分光光度法进行测定时，首先将被测样品转变为溶液，经雾化系统导入火焰中，在火焰原子化器中，经过喷雾燃烧完成干燥、熔融、挥发、解离等一系列变化，使被测元素转化为气态基态原子。本次实验采用标准曲线法测定未知液中铜的含量。

原子吸收分光光度分析具有快速、灵敏、准确、选择性好、干扰少和操作简便等优点，目前已得到广泛应用，可对七十余种金属元素进行分析。火焰原子吸收分光光度分析的测定误差一般为 $1\%\sim2\%$，其不足之处是测定不同元素时，需要更换相应的元素空心阴极灯，给试样中多元素的同时测定带来不便。

【仪器和试剂】

1. 原子吸收分光光度计（WFX-IE2 型，带有氘灯自动扣除背景装置），铜空心阴极灯。

2. 50mL 容量瓶，5mL 吸量管。

3. 铜标准贮备溶液（200μg/mL）。

【实验步骤】

1. 设置原子吸收分光光度计实验条件。以 WFX-IE2 型原子吸收分光光度计为例（其他型号依具体仪器而定），设置下列测量条件。

光源：铜空心阴极灯。灯电流，3mA。

波长：324.8nm。

狭缝宽度：0.1nm。

压缩空气压力：0.2～0.3MPa。

乙炔压力：0.06～0.07MPa，乙炔流量2L/min。

火焰高度：6～7cm。

2. 开机流程

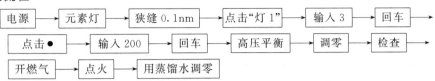

电源 → 元素灯 → 狭缝0.1nm → 点击"灯1" → 输入3 → 回车 →

点击● → 输入200 → 回车 → 高压平衡 → 调零 → 检查 →

开燃气 → 点火 → 用蒸馏水调零

3. 关机流程

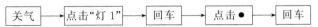

关气 → 点击"灯1" → 回车 → 点击● → 回车

4. 铜标准系列的配制

配制浓度为 $100\mu g/mL$ 的铜标准贮备溶液，分别吸取铜标准溶液0.0mL、1.0mL、2.0mL、3.0mL、4.0mL、5.0mL，移入50mL容量瓶中，用去离子水稀释至刻度，摇匀，备用。

5. 铜测量条件的选择

（1）乙炔流量和燃烧器高度的选择 用上面仪器操作条件，按表4.2列出的燃烧器高度和乙炔流量，测量吸光度，选定由最大吸光度的燃烧器高度值和乙炔流量值（铜标准溶液浓度用 $8\mu g/mL$）。

表4.2 乙炔流量和燃烧器高度的选择

燃烧器高度/格	乙炔流量/(mL/min)	吸光度 A	燃烧器高度/格	乙炔流量/(mL/min)	吸光度 A
4	12 13 14 15		8	12 13 14 15	
5	12 13 14 15		9	12 13 14 15	
6	12 13 14 15		10	12 13 14 15	
7	12 13 14 15		11	12 13 14 15	

（2）灯电流的选择 采用①中选定的燃烧器高度和乙炔流量，按表4.3改变灯电流测溶液的吸光度，以选择合适的灯电流。

表 4.3 灯电流的选择		表 4.4 狭缝宽度的选择	
灯电流/mA	吸光度 A	狭缝宽度/nm	吸光度 A
2.0		0.2	
3.0		0.5	
3.5		1.0	
4.0		2.0	
5.0			

（3）狭缝宽度的选择 用以上条件，按表 4.4 列出的狭缝宽度测量吸光度，选择合适的狭缝宽度。

6. 绘制标准曲线

用原子吸收分光光度计，在波长 324.8nm 处，用 5. 中所选择的最佳条件以空白溶液为零点，标准溶液按由低浓度到高浓度的顺序，依次测定其吸光度。

7. 未知溶液的测定

取一个 50mL 容量瓶，加入 10.0mL 未知液，用去离子水稀释至刻度，摇匀。按与测定标准溶液相同的条件测定该稀释未知液的吸光度。

【数据处理】

以各铜标准溶液的吸光度对其浓度作图，绘制其标准曲线。求出浓度 $c_稀$，并计算出原来未知液的铜含量。

$$c_未 = c_稀 \times 50 (\mu g/mL)$$

【注意事项】

1. $\boxed{\cdot}$ 表示高压值，当屏幕显示数值大于 95 以后，才可按 $\boxed{高压平衡}$ 键。

2. 打开燃气的操作步骤：打开空气压缩机，先开红灯，再开绿灯。使用时，燃气为乙炔气体，助燃气为空气。打开助燃气开关，调节表盘数值为 0.3MPa，打开燃气开关，调节表盘数值为 0.05~0.07MPa。

3. 乙炔钢瓶的使用，打开主阀，将减压阀调节至表盘数值显示为 0.15 左右。

【思考题】

原子吸收分光光度法中，吸光度与样品质量浓度之间有何关系？当质量浓度较高一般会出现什么情况？

实验十八 石墨炉原子吸收光谱法测定水样中铜含量

【实验目的】

1. 熟悉石墨炉原子吸收光谱仪的基本结构。
2. 了解石墨炉原子吸收光谱分析的过程及特点。
3. 掌握石墨炉原子吸收光谱分析的程序和技术。

【实验原理】

虽然火焰原子吸收光谱法在分析中被广泛应用，但由于雾化效率低等因素使其灵敏度受到限制。石墨炉原子吸收法利用高温石墨管，使试样完全蒸发，充分原子化，成为基态原子蒸气，对空心阴极灯发射的特征辐射进行选择性吸收。在一定浓度范围内，其吸收强度与试液中铜的含量成正比。

本法是在硝酸介质中对铜进行测定的。

【仪器和试剂】

1. 铜元素空心阴极灯。

2. 石墨炉原子吸收光谱仪。

3. 硝酸（优级纯）。

4. 二次蒸馏水。

5. 铜标准溶液Ⅰ（500mg/L）：称取 0.5000g 优级纯铜于 250mL 烧杯中，缓缓加入 20mL 硝酸（1∶1），加热溶解，冷却后移入 1000mL 容量瓶中，用水稀释至标线，摇匀。

6. 铜标准使用液Ⅱ（0.5mg/L）：将铜标准溶液Ⅰ准确稀释 1000 倍。

【实验步骤】

1. 试样溶液的准备　吸取自来水 5mL 于 100mL 容量瓶中，加入 0.2%（体积分数）硝酸，然后用二次蒸馏水稀释至刻度，摇匀待用。

2. 铜标准溶液系列配制　取 5 只 100mL 容量瓶，各加入 10mL 0.2% 的硝酸溶液，然后分别加入 0.0mL、2.00mL、4.00mL、6.00mL、8.00mL 铜标准使用液Ⅱ，用重蒸水稀释至刻度，摇匀，该系列溶液相当于铜浓度分别为 0μg/L、10μg/L、20μg/L、30μg/L、40μg/L。

3. 仪器操作

打开石墨炉冷却水和保护气，调节保护气压力到 0.24MPa，打开石墨炉电源开关，启动计算机和原子吸收光度计，调节相应实验参数（参数调节如下），预热仪器 20min。

（1）启动软件后点击"操作"下拉菜单的"编辑分析方法"，选择"石墨炉原子吸收"后继续选择元素为铜，点击"确定"，在弹出的界面中，注意选择元素灯位和铜灯在仪器上位置相同的数字，按以下实验条件设置好对应的实验参数，并按需要设置好其余的实验条件（铜空心阴极灯，波长：324.8nm；灯电流：3mA；狭缝：0.5nm）。

（2）点击"新建"菜单，选择刚刚创建的文件，联机。在弹出的仪器控制界面中，点击自动增益后尝试点击短、长、上、下，看主光束值，调节主光束值，如果超出 140%，则点击一下自动增益然后继续调节，直至最大后点击完成。调节石墨管位置（按上、下、前、后，调节吸光度值至最大）。

（3）调节完毕即可进行实验，先调零，然后按表 4.5 所示的石墨炉升温程序实验条件测试。

表 4.5　石墨炉升温程序

元素	干燥			灰化			原子化			净化/清除		
	温度 /℃	升温方式/保持时间 /s	氩气流量 /(mL/min)	温度 /℃	升温方式/保持时间 /s	氩气流量 /(mL/min)	温度 /℃	升温方式/保持时间 /s	氩气流量 /(mL/min)	温度 /℃	升温方式/保持时间 /s	氩气流量 /(mL/min)
Cu	120	斜坡/30	200	850	斜坡/20	200	2100	斜坡/3	0	2500	斜坡/3	200

4. 测量

测量前先空烧石墨管调零，然后从稀至浓逐个测量溶液，每次进样量 50μL，每个溶液测定 3 次，取平均值。

5. 结束

实验结束，退出主程序，关闭原子吸收分光光度计和石墨炉电源开关，关好气源和电源，关闭计算机。

【数据处理】

1. 记录实验条件。

2. 列表记录测量的铜标准溶液的吸光度，然后以吸光度为纵坐标，铜标准溶液浓度为横坐标，绘制工作曲线。

3. 记录水样的吸光度，根据工作曲线求算水样中铜的含量或者直接通过计算机计算实验结果。

【注意事项】

1. 实验前应仔细了解仪器的构造及操作，以便实验能顺利进行。

2. 使用微量注射器时，要严格按照教师指导进行，防止损坏。

【思考题】

1. 简述空心阴极灯的工作原理。

2. 在实验中通氩气的作用是什么？

3. 比较火焰原子化法和无火焰原子化法的优缺点。

第5章 红外吸收光谱法

5.1 基本原理

5.1.1 概述

红外吸收光谱法（infrared absorption spectrometry，IR），也称为红外分光光度法，属于分子振动转动光谱，是有机物结构分析的重要工具之一。红外吸收光谱主要是由分子中所有原子的多种形式的振动引起的。当一定频率的红外光照射分子时，若分子中某个基团的振动频率和红外辐射的频率一致，此时光的能量可通过分子偶极矩的变化传递给分子，这个基团就吸收了该频率的红外光产生振动能级跃迁。如果用连续改变频率的红外光照射某试样，由于试样对不同频率红外光吸收情况的差异，使通过试样后的红外光在一些波长范围内变弱，在另一些范围内仍较强。将分子吸收红外光的情况用仪器记录，就得到该试样的红外吸收光谱图。

红外光谱多用透光度-波数曲线即 T-σ 曲线描述。因此，T-σ 曲线上的吸收峰是图谱上的"谷"。一条红外吸收曲线，可由吸收峰的位置（峰位）、吸收峰的形状（峰形）和吸收峰的强度（峰强）来描述。以丙酮的红外吸收光谱图为例，如图 5.1 所示。

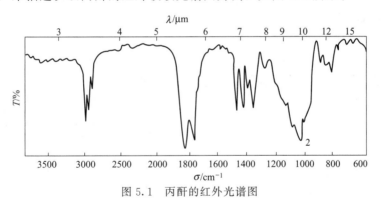

图 5.1 丙酮的红外光谱图

吸收峰的位置由化学键力常数、化学键两端的原子质量、内部影响因素及外部影响因素等决定。依据各种化学键的振动类型不同，通常将红外光谱划分为九个主要区段，见附录七。

各种化合物分子结构不同，分子中各个基团的振动频率不同，其红外吸收光谱也不同，利用这一特性，可进行有机化合物的结构分析、定性鉴定和定量分析。

5.1.2 常用术语

5.1.2.1 特征区

习惯上将 4000～1350cm^{-1} 区域称为特征区（或基团频率区）。此区内的吸收峰较疏、易辨认。主要包括单键（含 H 原子）、双键和叁键的特征峰，可用于鉴定官能团。在特征区，羰基峰（1700cm^{-1} 左右）很少与其他峰重叠，且吸收峰强度很大，是 IR 中最受重视的峰。

5.1.2.2 指纹区

习惯上把 $1350\sim650\text{cm}^{-1}$ 区域称为指纹区。此区内的吸收峰较密集，犹如人的指纹。两个结构相近的化合物特征峰可能相同，指纹区却有明显的区别（当然对碳数较多的直链烷烃，当碳数差别较小时，指纹区也无明显的区别）。因此指纹区的主要价值在于揭示整个分子的特征。

5.1.2.3 相关峰

由一个官能团（或基团）所产生的一组相互依存的特征峰，称为相关吸收峰，简称相关峰。如苯的吸收峰包括 $3100\sim3000\text{cm}^{-1}$、$1600\sim1500\text{cm}^{-1}$、$910\sim665\text{cm}^{-1}$ 等。

5.1.3 红外吸收光谱法的应用

绝大多数有机化合物的基团振动频率分布在中红外区（波数为 $4000\sim400\text{cm}^{-1}$），研究和应用最多的也是中红外区的红外吸收光谱法，该法具有灵敏度高、分析速度快、试样用量少，而且分析不受试样物态限制，所以应用范围非常广泛。IR 可用于定性、定量和结构分析等。从 IR 图上可以判断化合物的官能团、结构异构、氢键及链长等，因此 IR 是分子结构研究的主要手段之一。定量时可提供的波长较多，但操作比较麻烦，准确度也不如紫外-可见光谱法，一般较少用 IR 进行定量分析。

5.2 红外吸收光谱仪

目前生产和使用的红外吸收光谱仪主要有色散型和傅里叶变换型两大类。色散型使用光栅作单色器，扫描速度较慢，灵敏度较低；傅里叶变换型没有单色器，扫描速度很快，具有很高的分辨率、灵敏度，仪器的性价比越来越高，应用范围日益广泛。

5.2.1 色散型红外光谱仪

色散型红外光谱仪采用双光束，最常见的是以"光学零位平衡"原理设计的，其原理示意图见图 5.2。

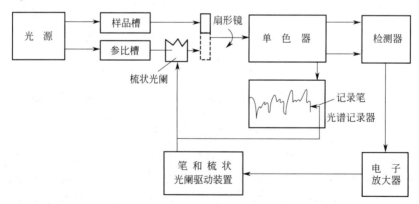

图 5.2 色散型红外光谱仪原理图

光源发出的辐射被分为等强度的两束光，一束通过样品池，另一束通过参比池。通过参比池的光束经衰减器（光阑或光楔）与通过样品池的光束会合于斩光器（扇形镜）处，使两光束交替进入单色器（常用光栅）色散之后，同样交替投射到检测器上进行检测。单色器的转动与光谱仪记录装置的谱图横坐标方向相关联。横坐标的位置表明了单色器的某一波长（波数）的位置。若样品对某一波数的红外光有吸收，则两光束的强度便不平衡，参比光路的强度比较大，此时检测器产生一个交变信号，该信号经放大、反馈于连接衰减器的同步电机，该电机使光楔更多地遮挡参比光束，使之强度减弱，直至两光束又恢复强度相等，使交变信号为零，不再有反馈信号。移动光阑的电机同步地联动记录装置的记录笔，沿谱图的纵坐标方向移动，因此纵坐标表示样品的吸收程度。这样随单色器转动的全过程，就得到一张完整的红外光谱图。

色散型红外光谱仪主要由光源、吸收池、单色器、检测器等部件构成，下面对各部件作简要介绍。

(1) 光源　作为红外光谱仪的光源，要求能够发出稳定的高强度的连续红外光，通常使用能斯特灯和硅碳棒。

(2) 吸收池　一般用具有岩盐窗片的吸收池。这些岩盐窗片系用 NaCl（透明到 $16\mu m$）、KBr（透明到 $28\mu m$）、薄云母片（透明到 $8\mu m$）、AgCl（透明到 $25\mu m$）等制成。用岩盐窗片应该注意防潮。仅 AgCl 片可用于水溶液。

(3) 检测器　红外光谱仪常用真空热电偶、热释电检测器和碲镉汞检测器作为检测器。当检测器受到红外光照射时，将产生的热效应转变为十分微弱的电信号（约 $10^{-9}V$），经放大器放大后，带动伺服电机工作，记录红外吸收光谱。这些检测器具有对红外辐射接收灵敏度高、响应快、热容量小等特点。

(4) 单色器　单色器是由色散元件（光栅或棱镜）、入射与出射狭缝以及准直反射镜等组成。其功能是将连续光色散为一组波长单一的单色光，然后将单色光按波长大小依次由出射狭缝射出。

5.2.2　傅里叶变换红外光谱仪

傅里叶变换红外光谱仪（Fourier transform infrared spectrometer，FTIR）是 20 世纪 70 年代出现的新一代红外光谱测量技术和仪器。FTIR 主要由光源、迈克尔逊（Michelson）干涉仪、检测器和计算机等组成。它没有单色器，在工作原理上与色散型红外光谱仪有很大不同。其原理如图 5.3 所示。由光源发出的红外光经准直系统变为一束平行光后进入 Michelson 干涉仪，经干涉仪调制得到一束干涉光，干涉光通过样品后成为带有样品光谱信息的干涉光到达检测器，检测器将干涉光信号转变为电信号，但这种带有光谱信息的干涉信号难以进行光谱解析，于是利用计算机对干涉图进行傅里叶变换计算转换为常见的红外光谱图。FTIR 仪器没有把光按频率分开，只是将各种频率的光信号经干涉作用调制成为干涉图函数，再经计算机变换为常见的红外光谱图函数，因此 FTIR 的采样速度很快，约 1s 就可获得全频域的光谱响应。

5.2.3　红外吸收光谱仪的使用方法

红外分光光度计的类型较多，具体操作方法也各不相同。下面以一些典型仪器介绍其使用方法。

5.2.3.1　色散型仪器的操作步骤（以天光 TJ270-30 型红外分光光度计为例）

(1) 接通电源
① 打开绘图仪电源开关。
② 主机电源开关至"ON"位置。
③ 打开显示器电源开关，再开计算机电源开关。
④ 稳定 30min。
(2) 设置参数

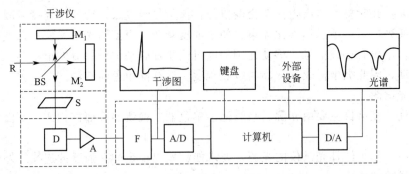

图 5.3　傅里叶变换红外光谱仪原理图

R—红外光源；M_1—定镜；M_2—动镜；BS—光束分裂器；S—试样；

D—探测器；A—放大器；F—滤光器；A/D—模数转换器；D/A—数模转换器

① 开机后 2～3min 仪器自动复位至 $4000cm^{-1}$。

② 按 F3 键，设置所需参数。屏幕显示的参数一般为通常的工作参数，如不合适，应作修改。

（3）0%～100%自动校正　在确认样品室未放入任何物体的情况下，按 F2 键，仪器可自动校准 0% 及 100%。

（4）标准记录纸的 0% 及 100% 线

① 将有机玻璃上标志记录笔位置的红色竖刻线分别对准记录纸的 0% 及 100% 刻度线。

② 按 F12 键、1 键，调 0% 线；按 2，调 100% 线。在调试过程中，按 ←、→ 左右平移记录笔，使笔架上的红色刻线对准记录纸上的 0% 刻度线（或 100% 线）。

（5）样品放置

① 取下样品室盖。

② 参比光束中（后侧）放置参比物（如空白 KBr 片）。

③ 样品光束中（前侧）放置经适当处理的样品。

（6）扫描　按 F1 键，仪器开始扫描，供试品的红外吸收光谱实时显示在荧光屏上，扫描至 $400cm^{-1}$，仪器自动停止扫描。

（7）记录光谱图

① 观察荧光屏上显示的光谱图是否满意（包括基线、最强吸收峰强度、油污干涉条纹等），如满意即可记录。

② 按 F6 键，根据屏幕提示输入绘图倍率，输入数字 2，再按 ENTER，仪器即绘出光谱图。

（8）取下光谱图　用绘图仪上的 ∧、∨ 键，调整绘图纸至穿孔线，撕下光谱图。

（9）进行下一个供试品的测定

① 按 F10 键，清屏。

② 按 F7 键，单色器重新定位于 $4000cm^{-1}$。

③ 重复（5）～（8）的操作。

（10）关机　先关计算机电源，后关显示器电源，再关主机电源。

5.2.3.2　FTIR 仪器的操作要领

1. 以美国尼高力公司的 AVATAR 360FTIR 为例

（1）开机　打开仪器光学台（主机）的电源开关；打开计算机的电源开关，双击"EZ

OMNIC E. S. P. ” 图标，打开 "OMNIC" 应用软件。

（2）检查光谱仪的工作状态　在 "OMNIC" 窗口的 "光学台状态（Bench Status）" 指示显示绿色 "√"，即为正常。

（3）设定光谱收集参数　包括采集的波数范围、扫描次数、光谱分辨率、显示所收集数据的形式（如以透光率为纵坐标）等。

（4）采集试样的光谱图　因 AVATAR 360FTIR 是单光束仪器，所以必须采集和扣除背景。按计算机窗口显示的提示，在确认光路中没有试样时，采集背景的干涉图；将制好的试样插入试样支架上，然后采集试样的干涉图。计算机将自动作傅里叶变换，并作背景扣除处理。计算机窗口中显示出扣除背景后的试样红外光谱图。

（5）光谱处理　将采集得到的试样光谱图从透光率的形式转变为吸光度的形式，作基线较正、平滑等处理，然后重新转换为透光率的形式，并根据需要在谱图上标注一些重要吸收峰的频率。

（6）光谱数据的打印或存盘。

（7）从试样架上移走试样。

2. 以 IR200 型红外分光光度计为例

（1）接通主机电源开关及计算机电源开关，预热 20min。

（2）进入 Windows2000 界面后，点击 OMNIC 操作软件系统，进入工作状态。

（3）定性扫描（参阅说明书）

① 选择测量参数，当采用压片法测量时，放入 KBr 背景窗片，点击 "Collect Background" 进行测量。

② 选择测量参数，放入样品，点击 "Collect Sample" 进行测量，测得样品的红外光谱图。

③ 将样品的红外光谱图与仪器存储的样品的标准红外光谱图进行对照，从 Analyze 菜单中选择 Library Setup，Library Setup 对话框出现，显示 Search Libraries 标签。再定义包含所用的标准红外光谱图库和库组的目录，单击可得知 Search Regions 标签，定义用于比较的谱图范围。单击 OK 关闭对话框，马上进行比较，可知样品与标准红外光谱图的匹配率为多少。选择数据处理参数及谱图，打印光谱扫描图。

④ 实验完毕，退出 OMNIC 操作软件系统，关机。

（4）仪器使用注意事项

① 本仪器属大型精密仪器，未经培训和仪器管理人员同意，不得开机使用。

② 仪器出现故障立即告诉保管人，不要擅自处理。

③ 测试完毕，关闭电源，取出样品，清扫样品室，盖好仪器。清理桌面，登记使用情况后，请保管人验收。

5.3　实验部分

实验十九　溴化钾压片法测绘抗坏血酸的红外吸收光谱

【实验目的】

1. 掌握溴化钾压片法测绘固体样品的红外光谱技术。

2. 初步训练对红外吸收光谱图的解析。

【实验原理】

一般的红外分光光度计其波数范围为 $4000\sim400\,cm^{-1}$，是最为有用的中红外区，属于分子的基本振动区。分子吸收一定频率的红外光后，由基态跃迁至激发态时在红外光谱图上表现为产生吸收峰。由于分子的转动能级间的间隔较小，例如双原子 $\Delta E<0.05\,eV$。振动能级间的间隔较大，$\Delta E=0.05\sim1.0\,eV$。所以在振动跃迁过程中伴随有转动跃迁的发生，因此中红外光谱称为分子的振转光谱，所以当用红外光照射分子时，测不到单条的纯振动谱线，而是由多条相隔很近的谱线（转动吸收）所组成的吸收带，不同基团不同形式的振动吸收峰的位置也不同。

【仪器和试剂】

1. 红外分光光度计（IR200 型）1 台及所属压片附件 1 套，它属于 Fourier（傅里叶）变换红外光谱仪。

2. 溴化钾：可用报废的 KBr 旧窗片或切割 KBr 盐窗时剩下的边角余料，也可用光谱纯的 KBr 经在玛瑙研体中研磨后，置于烘箱中在 120℃烘干 8h，是否已将水分去掉，可取少量 KBr 研磨压片后测绘其红外光谱图，检查是否有水的羟基峰存在，在 $3300\,cm^{-1}$ 左右如无羟基峰存在，说明水已全部除掉，可将 KBr 转移到磨口瓶中，再将磨口瓶置于干燥器中备用。

3. 抗坏血酸（分析纯）。

【实验步骤】

1. 用牛角勺估量取抗坏血酸 10mg 左右，置于干净的玛瑙研钵中，在红外灯下研磨成细粉，然后加入约为样品质量 100～200 倍的干燥 KBr，再一起进行混磨，使两者尽量混匀研细，其颗粒直径小于 $2\mu m$（实际上凭经验）。研磨时最好戴口罩，以防 KBr 吸收操作者呼出的水蒸气。

2. 用不锈钢匙取混磨好的样品移入压片模中，使样品粉末分布均匀后，盖好，移入手动压片机中，将其竖直，调整好压力，压 3～4 次即可。将压片模取出，得一透明圆片。将片子装在试样环上，插入仪器的样品槽中，测定红外光谱图。

3. 一般来说，先做 KBr 背景压片，测得背景红外光谱图；再做样品 KBr 背景压片，测得抗坏血酸的红外光谱图。

【数据处理】

解析程序习惯上多采用两区域法，它是将光谱按特征区（$4000\sim1350\,cm^{-1}$）及指纹区（$1350\sim650\,cm^{-1}$）划为两个区域，先识别特征区的第一强峰的起源（由何种振动所引起），及可能归属（属于什么基团），而后找出该基团所有或主要相关峰，以确定第一强峰的归宿。依次再解析特征区的第二强峰及其相关峰，依次类推。有必要时再解析指纹区的第一、第二……强峰及其相关峰。采取"抓住"一个峰，解析一组相关峰的方法。它们可以互为旁证，避免孤立解析。较简单的谱图，一般解析三、四组相关峰即可解析完毕，但结果的最终判定，一定要与标准光谱图对照。为了便于记忆，将解析程序归纳为五句话，"先特征，后指纹；先最强，后次强；先粗查，后细找；先否定，后肯定；一抓一组相关峰。"

"先特征，后指纹；先最强，后次强"指先由从特征区第一个强峰入手，因为特征区峰少，易辨认。"先粗查，后细找"，指先按待查吸收峰位，查光谱图上的八个重要区域（见附录七），初步了解吸收峰的起源及可能归宿，这一步可称为粗查，根据粗查提供线索，细找基团排列表，根据此表所提供的相关位置、数目，再到未知物的光谱上去查这些相关峰，若找到所有或主要相关峰，则此吸收峰的归宿一般可以确定。"先否定，后肯定"，因为吸收峰的不存在，对否定官能团的存在，比吸收峰的存在而肯定官能团的存在确凿有力，因此在粗查与细找过程中，采取先否定的办法，以便逐步缩小范围。

上述程序适用于比较简单的光谱，复杂化合物的光谱，由于多官能团间的相互作用而使得解析很困难，可先粗略解析，而后查对标准光谱定性，或进行综合光谱解析。

本实验采用与抗坏血酸的标准谱图对照的方法进行定性。

【注意事项】

1. 压模的模芯、压杆、压台、模都用工具钢制成并经淬火处理，在大的压力下不发生变形，但是如果压舌由于放得不完全垂直，稍微有些倾斜，就容易把压舌压碎。如果压模孔内有样品黏附在边上，或者生锈，都应清理干净再加压舌。压舌与样品接触的面是经精细加工后电镀而成的镜面。操作过程中注意保护好这个镜面，这样才可以保证压片表面光滑，以减少光的散射。采用压片法制样品应注意以下三点。

① 碱金属卤化物会和样品发生离子交换，产生相应的杂质吸收峰。

② 样品在压片过程中会发生物理变化（如多晶转换现象）或化学变化（部分分解），使谱图面貌出现差异。

③ 压片时一定要将压模孔内壁和压舌的侧面清理干净，以免压舌位置放置不正，将压舌压坏。

对于某些无机化合物、糖、固态酸、胺、亚胺、铵盐、酰胺等物质，用 KBr 压片法来制备样品不一定合适。

在红外光谱测定中，对于样品的制备要给予足够的重视，如果样品制备不好就得不到一个好的谱图，对红外光谱图的解析也就失去了可靠的依据。

2. 仪器操作要按操作规程进行。

3. 玛瑙研钵和模具使用前一定要擦洗干净。

4. 了解样品研磨能否分解或者爆炸，有无腐蚀性等。

【思考题】

1. 分子中存在哪些振动形式？

2. 红外光谱的特征频率会受到哪些因素影响？

3. 只用红外光谱就可以确定分子结构吗？

实验二十　苯甲酸和丙酮红外吸收光谱的测定

【实验目的】

1. 学习用红外吸收光谱进行化合物的定性分析。

2. 掌握用压片法制作固体试样晶片的方法。

3. 掌握液膜法测绘物质红外光谱的方法。

4. 熟悉红外光谱仪的工作原理及其使用方法。

【实验原理】

常用的红外区域是中红外区（波长范围为 $2.5 \sim 25 \mu m$，波数范围为 $4000 \sim 400 cm^{-1}$）。一般将中红外区分为官能团区 $4000 \sim 1350 cm^{-1}$ 和指纹区 $1350 \sim 650 cm^{-1}$ 两个区域来解析，

将未知光谱谱图与谱库中标准化合物谱图（或红外光谱图册中的谱图）对比，确定匹配度。

不同相态（固体、液体、气体及黏稠样品）物质的制备方法不同，因为制备方法的选择、制样技术好坏直接影响红外谱带的频率、数目和强度。

1. 气体样品

可在玻璃气槽（见图5.4）内进行测定，它的两端粘有红外透光的NaCl或KBr窗片。先将气槽抽真空，再将试样注入。

2. 液体和溶液试样

（1）液体池法　沸点较低（<100℃）、挥发性较大的试样，可注入封闭液体池（见图5.5）中，液层厚度一般为0.01~1mm。

（2）液膜法　将沸点较高（≥100℃）的试样或黏稠样品1~2滴，直接滴在两个KBr（或NaCl）晶体窗片（盐片之间），使之形成一个薄的液膜。流动性较大的样品，可选择不同厚度的垫片来调节液膜厚度。

图5.4　玻璃气槽　　　图5.5　可拆式液体槽池　　　图5.6　压片机

3. 固体试样

（1）压片法（见图5.6）　将1~2mg试样与100~400mg纯KBr研细均匀，置于干燥的模具中，用8tf压力在油压机上压成透明薄片，即可测定。试样和KBr都应经干燥处理。研磨的粒度小于$2\mu m$（因为中红外的波长是从$2.5\mu m$开始的），以免散射光影响。

（2）石蜡糊法　需要准确知道样品是否含有—OH基团时，为避免KBr中水的影响，采用此法。将干燥处理后的试样研细，与液体石蜡或全氟代烃等悬浮剂混合，在玛瑙研钵中研成均匀的糊状，涂在盐片上测定。

（3）薄膜法　适用于熔点低，熔融时不发生分解、升华和其他化学反应的物质，主要用于高分子化合物的测定。可将样品直接加热熔融后涂制或压制成薄膜。也可将试样溶解在低沸点的易挥发溶剂中，涂在盐片上，待溶剂挥发后成膜测定。

【仪器和试剂】

1. 红外分光光度计（TJ270-30A/岛津 FTIR-8400S 型等），磁性样品架，可拆式液体池。

2. 手压式压片机和压片模具。

3. 红外干燥灯，玛瑙研钵，试样勺，镊子等。

4. 苯甲酸（分析纯），无水丙酮（分析纯），溴化钾（优级纯）。

5. 实验条件

（1）压片压力：1.2×10^5kPa。

（2）测定波数范围：4000~400cm^{-1}。

（3）扫描速度：3 挡。

（4）室内温度：18～20℃。

（5）室内相对湿度：<65%。

【实验步骤】

1. 固体样品苯甲酸的红外光谱的测绘（KBr 压片法）

（1）仪器准备：按红外光谱仪操作规程开机，预热 10～30min，运行红外操作软件，设置仪器参数与测量参数及谱图输出保存路径等。

（2）制样

① 取预先在 110℃烘干 48h 以上，并保存在干燥器内的溴化钾 150mg 左右，置于洁净的玛瑙研钵中，研磨成均匀粉末，颗粒粒度约为 2μm 以下。

② 将溴化钾粉末转移到干净的压片模具中，堆积均匀，用手压式压片机用力加压约 30s，制成透明试样薄片。小心从压模中取出晶片，装在磁性样品架上，并保存在干燥器内。

③ 另取一份 150mg 左右溴化钾置于洁净的玛瑙研钵中，加入 1～2mg 苯甲酸标样，同上操作研磨均匀、压片并保存在干燥器中。

（3）红外谱图的测定

① 采集背景光谱后，以空气为参比，将溴化钾参比晶片和苯甲酸试样晶片分别置于主机的参比窗口和试样窗口上。测绘苯甲酸试样的红外吸收光谱。

② 扫谱结束后，取出样品架，取下薄片，将压片模具、试样架等擦洗干净，置于干燥器中保存好。

（4）记录和解析红外谱图：进行谱图处理和检索，确认其化学结构。

2. 液体试样丙酮的红外光谱的测绘

（1）液膜法　用滴管取少量液体样品丙酮，滴到液体池的一块盐片上，盖上另一块盐片（稍转动驱走气泡），使样品在两盐片间形成一层透明薄液膜。固定液体池后将其置于红外光谱仪的样品室中，测定样品红外光谱图。

（2）液体池法　以 CCl_4 溶剂为空白，将一定浓度的丙酮 CCl_4 稀溶液注入封闭液体池中，保持液层厚度为 0.2mm，在 4000～400cm^{-1} 范围内进行扫描，得到其吸收光谱。进行谱图处理和检索，确认其化学结构。

【数据处理】

1. 记录实验条件。

2. 在苯甲酸、丙酮试样红外吸收光谱图上，标出各特征吸收峰的波数，并确定其归属。

3. 使用分子式索引、化合物名称索引从萨特勒标准红外光谱图集中查得苯甲酸、丙酮的标准红外光谱图，将苯甲酸、丙酮试样光谱图与其标样光谱图中各吸收峰的位置、形状和相对强度逐一进行比较，并得出结论。

【注意事项】

1. KBr 应干燥无水，固体试样研磨和放置均应在红外灯下，防止吸水变潮；KBr 和样品的质量比在（100～200）：1 之间。

2. 可拆式液体池的盐片应保持干燥透明，切不可用手触摸盐片表面；每次测定前后均应在红外灯下反复用无水乙醇及滑石粉抛光，用镜头纸擦拭干净，在红外灯下烘干后，置于干燥器中备用。盐片不能用水冲洗。

3. 制得的晶片必须无裂痕，局部无发白现象，如同玻璃般完全透明，否则应重新制作。

晶片局部发白，表示压制的晶片薄厚不匀；晶片模糊，表示晶体吸潮，水在光谱图的 $3450cm^{-1}$ 和 $1640cm^{-1}$ 处出现吸收峰。

4.试样的浓度和测试厚度应选择适当，以使光谱图中的大多数吸收峰的透射比处于 $20\%\sim80\%$ 范围内。

5.红外光谱的试样可以是液体、固体或气体，一般要求样品是单一组分的纯化合物，纯度应不小于 98% 或符合商业规格，才能与纯化合物的标准光谱进行对照。

【思考题】

1.红外光谱制样方法有几种，分别适用于哪些样品？

2.如何着手进行红外吸收光谱的定性分析？

3.芳香烃的红外特征吸收在谱图的什么位置？

4.羟基化合物谱图的主要特征是什么？

5.测绘红外光谱时，对固体试样的制样有何要求？

6.红外光谱实验室为什么要求温度和相对湿度维持一定的指标？

7.在含氧有机化合物中，如果 $1900\sim1600cm^{-1}$ 区域有一个强吸收谱带，能否判定分子中含有羰基？

实验二十一　红外光谱法鉴定黄酮结构

【实验目的】

1.掌握红外光谱分析固体样品的制备技术。

2.掌握 KBr 压片制样方法。

3.进一步了解红外光谱的一般使用操作。

4.掌握如何根据红外光谱图识别官能团，鉴定黄酮的结构。

【实验原理】

本实验采用压片法测定固体试样黄酮的结构。在红外光谱仪上 $4000\sim400cm^{-1}$ 范围内进行扫描，得到其吸收光谱。进行谱图处理和检索，确认其化学结构。

【仪器和试剂】

1.傅里叶变换红外光谱仪及附件，KBr 压片模具及附件，玛瑙研钵，红外烘箱，压片机等。

2.芦丁标准品，KBr（分析纯），无水乙醇等。

【实验步骤】

1.在玛瑙研钵中分别研磨 KBr 和芦丁（或试样）至 $2\mu m$ 细粉，置于干燥器中待用。

2.取 $1\sim2mg$ 干燥的芦丁（或试样）和 $100\sim200mg$ 的干燥 KBr，一并倒入玛瑙研钵中进行研磨直至混合均匀。

3.取少许上述混合物粉末倒入压片模中压制成透明薄片，然后放到红外光谱仪上进行测试。

4.测定一个未知样的红外光谱图。

【数据处理】

1.解析芦丁标准红外光谱图中各官能团的特征吸收峰，并作出标记。

2.将未知化合物官能团区的峰位列表，鉴定其结构。

【注意事项】

1. 红外压片时，所有模具应该用酒精棉洗干净。

2. 取用 KBr 时，不能将 KBr 污染。

3. 红外压片时，样品量不能加得太多，样品量和 KBr 的比例大约在 1：100。

4. 用压片机压片时，应该严格按操作规定操作；进口压片模具的不锈钢小垫片应该套在中心轴上，压片过程中移动模具时应小心以免小垫片移位；国产压片机使用时压力不能过大，以免损坏模具。

5. 压出来的片应该较为透明。

6. 用 ATR 附件时，尽量缩短使用时间。

7. 实验室应该保持干燥，大门不能长期敞开。

【思考题】

1. 测定芦丁的红外光谱，还可以用哪些制样方法？

2. 为什么在作红外光谱分析时样品需不含水分？

3. 研磨操作过程为什么需在红外灯下进行？

实验二十二　红外光谱法定性测定三溴苯酚

【实验目的】

1. 掌握红外光谱测定时样品制备的方法以及如何由红外光谱鉴别官能团。

2. 学会红外分光光度计的应用。

【实验原理】

本实验采用压片法测定固体试样三溴苯酚的结构。在红外光谱仪上 $4000 \sim 400 \mathrm{cm}^{-1}$ 范围进行扫描，得到其吸收光谱。进行谱图处理和检索，确认其化学结构。

【仪器和试剂】

1. 红外分光光度计，压片机，玛瑙研钵，液体池，盐片。

2. 溴化钾（分析纯），三溴苯酚（分析纯）。

【实验步骤】

取样品 $1 \sim 2 \mathrm{mg}$，在玛瑙研钵中充分研磨后，再加入 $100 \mathrm{mg}$ 干燥的溴化钾，继续研磨至完全混匀。颗粒的大小约为 $2 \mu \mathrm{m}$ 直径，取出混合物装于干净的压模内（均匀铺洒在压模内），在压片机上于 $29.4 \mathrm{MPa}$ 下压制 $1 \mathrm{min}$，制成透明薄片。将此片装于样品架上，放于分光光度计的样品池中。先粗测透光率是否超过 40%，若达到 40% 以上，即可进行扫描。从 $4000 \mathrm{cm}^{-1}$ 扫到 $650 \mathrm{cm}^{-1}$，若未达 40%，则重新压片。扫描结束后，取出薄片，按要求将模具、样品架等擦净收好。

【数据处理】

将扫描得到的谱图与理论上的数据对照，找出主要吸收峰的归属。

【注意事项】

固体样品经压模后应随时注意防止吸水，否则压出的片子易粘在模具上。

【思考题】

1. 红外分光光度计与紫外-可见分光光度计在光路上设计有何不同？为什么？

2. 为什么红外光谱法要采用特殊的制样方法？

第6章 电位分析法

6.1 基本原理

电位分析法是利用电极电位与化学电池电解质溶液中某种组分浓度的对应关系，而进行定量测定的电化学分析法。因此，这一方法的实质是在零电流条件下，测定相应原电池的电动势。

电位分析法分为两大类：直接电位法和电位滴定法。

直接电位法：通过测定电池电动势来确定指示电极的电位，然后根据能斯特方程，由所测得的电极电位值计算待测物质的含量。检出限一般为 $10^{-8} \sim 10^{-5}\,mol/L$，适用于微量组分的分析测定。

电位滴定法：通过测量滴定过程中指示电极电位的变化来确定滴定终点，再由滴定过程中消耗的标准溶液的体积和浓度来计算待测物质的含量，适用于常量分析测定。

对于某一氧化还原体系：

$$Ox + ne^- \rightleftharpoons Red$$

$$\varphi_{Ox/Red} = \varphi_{Ox/Red}^{\ominus} + \frac{RT}{nF} \ln \frac{a_{Ox}}{a_{Red}}$$

这就是著名的能斯特方程，式中，R 为摩尔气体常数，$8.31451\,J/(mol \cdot K)$；F 为法拉第常数，$96486.70\,C/mol$；T 为热力学温度，K；n 为电极反应中转移的电子数；a_{Ox} 和 a_{Red} 是氧化态和还原态的活度。

对于金属电极（还原态为金属，活度定为1），则上式可简化为：

$$\varphi = \varphi_{M^{n+}/M}^{\ominus} + \frac{RT}{nF} \ln a_{M^{n+}}$$

由上式可见，测定了电极电位就可确定 Ox 的活度（或在一定条件下，可确定浓度），这就是电位分析法的理论基础。

6.2 电极和测量仪器

6.2.1 电极

电极电位的测量需要构成一个化学电池。一个电池有两个电极，在电位分析中，将电极电位随被测物质活度变化的电极称为指示电极，将另一个与被测物质无关的、提供测量电位参考的电极称为参比电极，电解质溶液由被测试样及其他组分组成。图 6.1 是以甘汞电极作为参比电极的电位测量体系。

6.2.1.1 参比电极

参比电极是决定指示电极电位的重要因素，一个理想的参比电极应具备以下条件：

①能迅速建立热力学平衡电位，这就要求电极反应是可逆的；②电极电位是稳定的，能允许仪器进行测量。常用的参比电极有甘汞电极和银-氯化银电极，如图 6.2 所示。

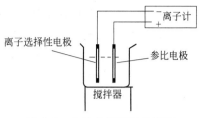

图 6.1　电位分析装置示意图

对于甘汞电极 Hg｜Hg$_2$Cl$_2$(固)｜KCl，电极反应为

$$Hg_2Cl_2 + 2e^- \Longleftrightarrow 2Hg + 2Cl^-$$

其电极电位（25℃）：

$$\varphi_{Hg_2Cl_2/Hg} = \varphi^\ominus_{Hg_2Cl_2/Hg} + \frac{0.0592}{2} \lg \frac{a(Hg_2Cl_2/Hg)}{a^2(Hg)a^2(Cl^-)}$$

$$\varphi_{Hg_2Cl_2/Hg} = \varphi^\ominus_{Hg_2Cl_2/Hg} - 0.0592 \lg a(Cl^-)$$

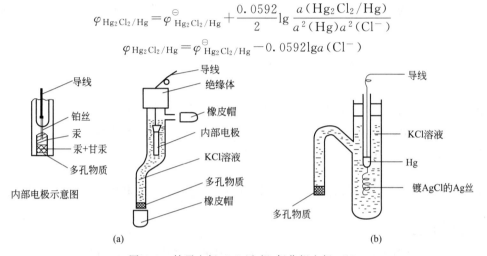

图 6.2　甘汞电极（a）和银-氯化银电极（b）

对于银-氯化银电极 Ag｜AgCl(固)｜KCl，电极反应为

$$AgCl + e^- \Longleftrightarrow Ag + Cl^-$$

其电极电位（25℃）：

$$\varphi_{AgCl/Ag} = \varphi^\ominus_{AgCl/Ag} - 0.0592 \lg a(Cl^-)$$

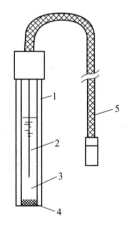

图 6.3　离子选择性电极的基本结构

1—电极杆；2—内参比电极；
3—内参比溶液；4—敏感膜；
5—带屏蔽的导线

6.2.1.2　指示电极

指示电极的作用是指示与被测物质浓度相关的电极电位。指示电极对被测物质的指示是有选择性的，一种指示电极往往只能指示一种物质的浓度，因此，常被用作电位法的指示电极称为离子选择性电极。

离子选择性电极：它是一类电化学传感器，它的电位与溶液中给定离子活度的对数呈线性关系，它由对特定离子有选择性响应的薄膜（敏感膜或传感膜）及其内侧的参比溶液与参比电极构成，又称为膜电极。1976 年 IUPAC 基于膜的特征和组成，可分为原电极（包括晶体膜电极和非晶体膜电极）和敏化离子选择性电极（包括气敏电极和生物膜电极）两大类。这里重点介绍常用的属于非晶体膜电极的玻璃膜电极。

玻璃膜电极（glass membrane electrode）是对氢离子活度有选择性响应的电极，其结构如图 6.3 所示。玻璃膜内为 0.1mol/L 的 HCl 内参比溶液，插入涂有 AgCl 的银丝作为内参比电极，使用时，将玻璃膜电极插入待测溶液中，在水浸泡之后，玻璃膜中不能迁移的硅酸盐基团（称为交换点位）中的 Na^+ 的电位全部被 H^+ 占有，当玻璃电极外膜与待测溶液接触时，由于溶胀层表面与溶液中氢离子浓度不同，氢离子便从活度大的相向活度小的相迁移，从而改变溶胀层和溶液两相界面的电荷分布，产生外相界电位 $\varphi_{外}$；玻璃电极内膜与内参比溶液同样也产生内相界电位 $\varphi_{内}$，跨越玻璃膜的相间电位 $\varphi_{膜}$ 可表示为

$$\varphi_{膜} = \varphi_{外} - \varphi_{内} = \frac{2.303RT}{F} \lg \frac{a_{H^+(外)}}{a_{H^+(内)}}$$

式中，$a_{H^+(外)}$ 为膜外部待测氢离子活度；$a_{H^+(内)}$ 为膜内部待测氢离子活度。由于 $a_{H^+(内)}$ 是恒定的，因此

$$\varphi_{膜} = k + \frac{2.303RT}{F} \lg a_{H^+(外)}$$
$$= k - 0.0592 pH \qquad (25℃)$$

玻璃电极内部插有内参比电极，因此整个玻璃电极的电位为：

$$\varphi_{玻} = \varphi_{内参} + \varphi_{膜} + \varphi_{不对称} = \varphi_{内参} + \varphi_{不对称} + k - 0.0592 pH$$

而由于 $\varphi_{内参}$、$\varphi_{不对称}$ 在一定条件下为常数，则

$$\varphi_{玻} = K - 0.0592 pH \qquad (25℃)$$

如果用已知 pH 值的溶液标定有关常数，则由测得的玻璃的电极电位可求得待测溶液的 pH 值。

6.2.2 测量仪器

电位法测量仪器是将参比电极、指示电极和测量仪器构成回路来进行电极电位的测量。电位测定仪器分为两种类型：直接电位法测量仪器和电位滴定法测量仪器。

直接电位法测量仪器有利用 pH 玻璃电极为指示电极测定酸度的 pH 计和利用离子选择性电极为指示电极测定各种离子浓度的离子计。由于很多电极具有很高的电阻，因此，pH 计和离子计均需要很高的输入阻抗，而且带有温度自动测定与补偿功能。

6.2.2.1 pHS-3C 型酸度计使用方法

1. 使用前准备

① 把仪器平放于桌面上，旋上升降杆，固定好电极夹。

② 将已活化好的测量电极、标准缓冲液或待测溶液准备就绪。

③ 接通电源，打开电源开关，仪器预热 10min，然后进行测量。

2. mV 测量

当需要直接测定电池电动势的毫伏值或测量 $-1999 \sim +1999$ mV 范围电压值时可在"mV"挡进行。

① 将功能选择开关拨至"mV"挡，仪器则进入测量电压值（mV）状态，此时仪器定位调节器、斜率调节器和温度补偿调节器均不起作用。

② 将短路插头插入后面板上插座，并旋紧，用螺丝刀调节底面板上"调零"电位器，使仪器显示"000"（通常情况下不要调）。

③ 旋下短路插头，将测量电极插头旋入输入插座，并旋紧，同时将参比电极接入后面板上参比接线柱（若使用复合电极无需插入参比电极），并将两个电极插入被测溶液中，待仪器稳定数分钟后，仪器显示值即为所测溶液的 mV 值。

3. pH 值的测定

在测定溶液 pH 值前，需先对仪器进行标定，通常采用两点定位标定法，操作步骤如下。

① 功能选择开关置在"mV"挡，操作步骤按上面步骤 2."mV 测量"中的①、②进行，仪器调零后，再将功能选择开关拨至"℃"挡，调节温度补偿调节器 4 使显示器显示被测液的温度（调节好后不要再动此旋钮，以免影响精度）。

② 将功能选择开关拨至"pH"挡，将活化后的测量电极旋于后面板输入插座，并将它浸入 $pH_1 = 4.00$ 的标准 pH 缓冲液中，待仪器响应稳定后，调节定位调节器旋钮，使仪器显示为"4.00"pH。

③ 取出电极，用去离子水冲洗，滤纸吸干，再插入 $pH_2 = 9.18$ 标准缓冲液中，待仪器响应稳定后，调节斜率调节器旋钮，使仪器显示为 $\Delta pH = pH_2 - pH_1 = 5.18$，此后不要再动斜率调节器，重新调节定位调节器，使仪器显示 $pH_2 = 9.18$（以上所显示的 pH 均为标准缓冲液在 25℃情况下的显示值）。

④ 至此，仪器标定结束，将电极浸入被测溶液中即可测其 pH 值。

⑤ 若被测溶液与标准缓冲溶液温度不一致时，需将功能选择开关拨至"℃"挡，调节温度补偿调节器使显示值为试液温度值，即可测量。

4. 保养与注意事项

玻璃电极在初次使用前，必须在蒸馏水中浸泡一昼夜以上，平时也应浸泡在蒸馏水中以备随时使用。玻璃电极不要与强吸水溶剂接触太久，在强碱性溶液中使用应尽快操作，用毕立即用水洗净，玻璃电极球泡膜很薄，不能与玻璃杯及硬物相碰；玻璃膜粘上油污时，应先用酒精，再用四氯化碳或乙醚，最后用酒精浸泡，再用蒸馏水洗净。如测定含蛋白质的溶液的 pH 值时，电极表面被蛋白质污染，导致读数不可靠，也不稳定，出现误差，这时可将电极浸泡在稀 HCl（0.1mol/L）中 4～6min 来校正。电极清洗后只能用滤纸轻轻吸干，切勿用织物擦抹，这会使电极产生静电荷而导致读数错误。甘汞电极在使用时，注意电极内要充满氯化钾溶液，应无气泡，防止断路。应有少许氯化钾结晶存在，以使溶液保持饱和状态，使用时拨去电极顶端的橡皮塞，从毛细管中流出少量的氯化钾溶液，使测定结果可靠。

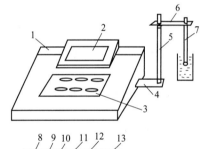

图 6.4 PX-215 型离子计仪器结构图
1—机箱；2—显示屏；3—键盘；4—电极
梗座；5—电极梗；6—电极夹；7—电极；
8—测量电极插座；9—参比电极；
10—温度电极插座；11—电源开关；
12—保险丝座；13—电源插座

另外，pH 值测定的准确性取决于标准缓冲液的准确性。酸度计用的标准缓冲液，要求有较大的稳定性及较小的温度依赖性。

经过简单的标定，这种仪器可以直接给出酸度和离子浓度。

6.2.2.2 离子计

离子分析仪是一种测定溶液中离子浓度的电化学分析仪器。常用的仪器型号为 PXS-215型或 PXS-450 型。PXS-215 型离子计采用了单片机技术，操作简单方便，数字显示直观正确，仪器结构如图 6.4 所示。仪器具有手动温度补偿和自动温度补偿功能（当接入温度电极时仪器进入自动温度补偿，并显示当前温度；当不接温度电极时，仪器进入手动温度补偿，仪器显示手动温度设置值）。其使用方法如下。

1. 开机前的准备

① 将电极梗旋入电极梗固定座中；

② 将电极夹插入电极梗中；

③ 将离子选择性电极、甘汞电极安装在电极夹上；

④ 将甘汞电极下端的橡皮套拉下，并且将上端的橡皮塞拔去，使其露出上端小孔；

⑤ 离子选择性电极用蒸馏水清洗后需用滤纸擦干，以防止引起测量误差。

2. 离子选择及等电位点的设置

打开电源，仪器进入 pX 测量状态，按"等电位/离子选择"键进行离子选择，按"等电位/离子选择"键可选择一价阳离子（X^+）；一价阴离子（X^-）；二价阳离子（X^{2+}）；二价阴离子（X^{2-}）及 pH 测量，然后按"确认"键，仪器进入等电位设置状态，按"升降"键，设置等电位值，然后按"确认"键设置结束，仪器进入测量状态。

注：如果标准溶液和被测溶液的温度相同，则无须进行等电位补偿，等电位置 0.00pX 即可。

3. 仪器的标定

① 仪器采用二点标定法，为适应各种 pX 值测量的需要，采用一组 pX 值不同的标准溶液，用户可根据 pX 值测量范围自行选择。

序　　号	标定 1 标准溶液 pX 值	标定 2 标准溶液 pX 值
1	4.00pX	2.00pX
2	5.00pX	3.00pX

一般采用第 1 组数据对仪器进行标定。

② 将标准溶液 A（4.00pX）和标准溶液 B（2.00pX）分别倒入经去离子水清洗干净的塑料烧杯中，杯中放入搅拌子，将塑料烧杯放在电磁搅拌器上，缓慢搅拌。

③ 将电极放入选定的标准溶液 A（如 4.00pX）中，按"温度"键再按"升降"键，将温度设置到标准溶液的温度值，然后按"确认"键，此时仪器温度显示值即为设置温度值；按"标定"键，仪器显示"标定 1"，温度显示位置显示标准溶液的 pX 值，此时按"升"键可选择标准溶液的 pX 值（4.00pX、5.00pX），先选择 4.00pX，待仪器 mV 值显示稳定后，按"确认"键，仪器显示"标定 2"，仪器进入第二点标定；将电极从标准溶液 A 中拿出，用去离子水冲洗干净后（用滤纸吸干电极表面的水分），放入选定的标准溶液 B（2.00pX）中，此时温度显示位置显示第二点标准溶液的 pX 值，按"升"键可选择第二点标准溶液的 pX 值（2.00pX、3.00pX），现选择 2.00pX，待仪器 mV 值显示稳定后，按"确认"键，仪器显示"测量"，表明标定结束进入测量状态。

4. pX 值的测量

① 经标定过的仪器即可对溶液进行测量。

② 将被测液放入经去离子水清洗干净的塑料烧杯中，杯中放入搅拌子，将电极用去离子水冲洗干净后（用滤纸吸干电极表面的水分），放入被测溶液中，缓慢搅拌溶液。

③ 仪器显示的读数即为被测液的 pX 值。

注：离子电极在测量时，试样温度与标准溶液温度应保持在同一温度。

5. mV 值测量

在 pX 测量状态下，按"pX/mV"键，仪器便进入 mV 测量状态。

6.2.2.3 电位滴定仪

电位滴定法的仪器又分为手动滴定法和自动滴定法。手动滴定法所需仪器为上述 pH 计和离子计，在滴定过程中测定电极电位的变化，然后绘制滴定曲线。这种仪器操作十分不便。随着电子技术与计算机技术的不断发展，各种自动电位滴定仪相继出现。自动电位滴定仪有两种工作方式：自动记录滴定曲线方式和自动终点停止方式。自动记录滴定曲线方式是在滴定过程中自动绘制滴定体系中 pH 值（或电位值）-滴定体积变化曲线，然后由计算机找出滴定终点，给出消耗的滴定体积；自动终点停止方式则预先设置滴定终点的电位值，当电位值到达预定值后，滴定自动停止。

ZD-2 型或 ZD-4 型自动滴定仪是目前较为常用的滴定仪，其使用方法如下。

仪器安装连接好以后，插上电源线，打开电源开关，电源指示灯亮。经 15min 预热后再使用。

1. mV 测量

① "设置"开关置"测量"，"pH/mV"选择开关置"mV"；

② 将电极插入被测溶液中，将溶液搅拌均匀后，即可读取电极电位（mV）值；如果被测信号超出仪器的测量范围，显示屏会不亮，作超载警报。

2. pH 标定及测量

（1）标定 仪器在进行 pH 值测量之前，先要标定。一般来说，仪器在连续使用时，每天要标定一次。步骤如下：

① "设置"开关置"测量"，"pH/mV"选择开关置"pH"；

② 调节"温度"旋钮，使旋钮白线指向对应的溶液温度值；

③ 将"斜率"旋钮顺时针旋到底（100%）；

④ 将清洗过的电极插入 pH 值为 6.86 的缓冲溶液中；

⑤ 调节"定位"旋钮，使仪器显示数值与该缓冲溶液当时温度下的 pH 值相一致；

⑥ 用蒸馏水清洗电极，再插入 pH 值为 4.00（或 pH 值为 9.18）的标准缓冲溶液中，调节"斜率"旋钮，使仪器显示数值与该缓冲溶液当时温度下的 pH 值相一致；

⑦ 重复⑤～⑥直至不用再调节"定位"或"斜率"调节旋钮为止，至此，仪器完成标定。标定结束后，"定位"和"斜率"旋钮不应再动，直至下一次标定。

（2）pH 值测量 经过标定的仪器即可用来测量 pH 值，步骤如下：

① "设置"开关置"测量"，"pH/mV"选择开关置"pH"；

② 用蒸馏水清洗电极头部，再用被测溶液清洗一次；

③ 用温度计测出被测溶液的温度值；

④ 调节"温度"旋钮，使旋钮白线指向对应的溶液温度值；

⑤ 将电极插入被测溶液中，将溶液搅拌均匀后，读取该溶液的 pH 值。

3. 滴定前的准备工作

① 安装好滴定装置后，在烧杯中放入搅拌转子，并将烧杯放在磁力搅拌器上。

② 电极的选择：取决于滴定时的化学反应，如果是氧化还原反应，可采用铂电极和甘汞电极；如属于中和反应，可用 pH 复合电极或玻璃电极；如果属于银盐与卤素反应，可采用银电极和特殊甘汞电极。

4. 电位自动滴定

① 终点设定："设置"开关置"终点"，"pH/mV"选择开关置"mV"，"功能"开关置

"自动"，调节"终点电位"旋钮，使显示屏显示所要设定的终点电位值。终点电位选定后，"终点电位"旋钮不可再动。

② 预控点设定：预控点的作用是当离开终点较远时，滴定速度很快；当到达预控点后，滴定速度很慢。设定预控点就是设定预控点到终点的距离。其步骤如下：

"设置"开关置"预控点"，调节"预控点"旋钮，使显示屏显示所要设定的预控点数值。例如：设定预控点为 100mV，仪器将在离终点 100mV 处转为慢滴。预控点选定后，"预控点"调节旋钮不可再动。

③ 终点电位和预控点电位设定好后，将"设置"开关置"测量"，打开搅拌器电源，调节转速使搅拌从慢逐渐加快至适当转速。

④ 按一下"滴定开始"按钮，仪器即开始滴定，滴定灯闪亮，滴液快速滴下，在接近终点时，滴速减慢。到达终点后，滴定灯不再闪亮，过 10s 左右，终点灯亮，滴定结束。

注意：到达终点后，不可再按"滴定开始"按钮，否则仪器将认为另一极性相反的滴定开始，而继续进行滴定。

⑤ 记录滴定管内滴液的消耗读数。

5. 电位控制滴定

"功能"开关置"控制"，其余操作同第 4 条。到达终点后，滴定灯不再闪亮，但终点灯始终不亮，仪器始终处于预备滴定状态，同样，到达终点后，不可再按"滴定开始"按钮。

6. pH 自动滴定

① 按本节 2.（1）条进行标定。

② pH 终点设定："设置"开关置"终点"，"功能"开关置"自动"，"pH/mV"开关置"pH"，调节"终点电位"旋钮，使显示屏显示所要设定的终点 pH 值。

③ 预控点设置：设置"开关置"预控点"，调节"预控点"旋钮，使显示屏显示所要设定的预控点 pH 值。例如：所要设置的预控点 pH 为 2，仪器将在离终点 2 左右处自动从快滴定转为慢滴。其余操作同本节 4.③和 4.④条。

6.3　实验部分

实验二十三　氟离子选择性电极测定水中氟含量

【实验目的】

1. 掌握氟离子选择性电极测定水中 F^- 含量的原理和方法。

2. 了解总离子强度调节缓冲溶液的意义和作用。

3. 熟悉用标准曲线法和标准加入法测定水中 F^- 的含量。

【实验原理】

氟离子选择性电极（简称氟电极）是均相晶体膜电极的典型代表，此电极的敏感膜由氟化镧单晶制成。将氟化镧单晶（为增加导电性，往往掺入微量氟化铕）封在塑料管的一端，管内装入 0.1mol/L NaF＋1mol/L NaCl 溶液作内参比溶液，以 Ag-AgCl 电极作内参比电极，即构成氟电极。

氟电极的响应机制如下：由于氟化镧晶格缺陷（空穴）引起氟离子的传导作用，接近空穴的可移动氟离子能够移动到空穴中。这是因为空穴的大小、形状和电荷等情况都使得它只能容纳氟离子，而不能让其他离子进入空穴，故此膜对氟离子有选择性。

用氟电极测定，线性范围一般在 $10^{-6} \sim 10^{-1}$ mol/L。电极的检测下限取决于 LaF_3 单晶的溶度积。由于饱和溶液中氟离子活度为 10^{-7} mol/L 左右。因此，氟电极在纯水体系中检测下限最低大约为 10^{-7} mol/L。氟电极具有较好的选择性，主要干扰物质是 OH^-，可能原因是：①OH^- 进入膜参与电荷传递；②在膜表面发生如下反应：

$$LaF_3 + 3OH^- \rightleftharpoons La(OH)_3 + 3F^-$$

反应产物 F^- 对电极本身的响应造成干扰。

氟广泛存在于自然水体中，水中氟含量的高低对人体健康有一定影响，氟的含量过低易得龋齿，过高则会发生氟中毒现象。饮用水中氟的含量适宜范围为 0.5 ~ 1.5mg/mL。

水中氟含量的测定方法有比色法和电位法，前者的测量范围较宽，但干扰因素多，往往要对试样进行预处理。后者的测量范围虽不如前者宽，但已能满足水质分析的要求，而且操作简便，干扰因素少，不必进行预处理。因此，电位法正在逐步取代比色法，成为测定氟离子的常规分析方法。

测定样品中 F^- 含量时，是将氟离子选择性电极与饱和甘汞电极置于待测的 F^- 试液中组成电池，若指示电极为正极，则电池表示为：

$$Hg | Hg_2Cl_2(s) | KCl(饱和) \| 试液 | LaF_3 膜 \Big|^{F^-\,(0.1mol/L)}_{Cl^-\,(0.1mol/L)} | AgCl(s) | Ag$$

电池电动势为：

$$E = \varphi_{指示} - \varphi_{甘汞}$$

$$E = K - \frac{2.303RT}{F}\lg a_{F^-} - \varphi_{甘汞} = K' - \frac{2.303RT}{F}\lg a_{F^-}$$

若指示电极为负极，则

$$E = \varphi_{甘汞} - \varphi_{指示} = K' + \frac{2.303RT}{F}\lg a_{F^-}$$

但在实际测定中要测量的是离子的浓度，而不是活度。所以必须控制试样溶液的离子强度，使测定过程中活度系数为定值，故要在待测试样中加入总离子强度调节缓冲液（TIS-AB）。则上式可写为：

$$\varphi_{F^-} = K - \frac{2.303RT}{F}\lg c_{F^-}$$

而测量电池的电动势为

$$E = \varphi_{F^-} - \varphi_{甘汞} = K' - \frac{2.303RT}{F}\lg c_{F^-}$$

式中，K' 为常数，当 F^- 浓度为 $10^{-6} \sim 10^{-1}$ mol/L 时，E 与 $\lg c_{F^-}$ 或 pF 呈线性关系。

由于氟电极响应的是试液中氟离子的活度，当 pH<5 时，由于形成 HF 分子，电极对它不响应；而当 pH>6 时，则 OH^- 将发生干扰，故实际测定时，常用离子强度缓冲调节液控制试液的 pH 值在 5 ~ 6 之间。通常用 pH=6 的柠檬酸盐，同时它还可消除 Al^{3+}、Fe^{3+} 的干扰。本实验采用标准曲线法进行测定。

【仪器和试剂】

1. 仪器：酸度计或离子活度计，氟离子选择性电极，饱和甘汞电极，电磁搅拌器，吸量管，100mL 容量瓶等。

2. NaF（分析纯），柠檬酸钠（分析纯），HCl（分析纯，1∶1），硝酸钠（分析纯）。

3. 试剂的配制

（1）氟标准贮备溶液：称取于 110℃ 干燥 2h 并冷却的 NaF 0.2210g，用水溶解后转入 1000mL 容量瓶中，稀释至刻度，摇匀，贮于聚乙烯瓶中。此溶液含 F^- 为 100.0μg/mL。

（2）氟标准溶液：吸取 10.00mL 氟标准贮备溶液于 100mL 容量瓶中，用水稀释至刻度，摇匀。此溶液含 F^- 为 10.00μg/mL。

（3）总离子强度调节缓冲溶液（TISAB）：加入 500mL 水与 57mL 冰醋酸，58g NaCl，12g 柠檬酸钠（$Na_3C_6H_5O_7 \cdot 2H_2O$），搅拌至溶解。将烧杯放冷后，缓慢加入 6mol/L NaOH 溶液（约 125mL），直到 pH 值在 5.0～5.5 之间，冷至室温，转入 1000mL 容量瓶中，用去离子水稀释至刻度。

【实验步骤】

1. 氟电极的准备

电极在使用前应用 10^{-3}mol/L NaF 溶液浸泡 1～2h，进行活化，再用去离子水清洗电极到空白电位，即氟电极在去离子水中的电位约为 -300mV（此值各支电极不一样）。

仪器的调节请参照仪器使用说明书进行。

2. 方法一（标准曲线法）

最后测定水样电位值。在每一次测量之前，都要用水将电极冲洗干净，并用滤纸吸干。

（1）标准溶液系列的配制 吸取 10.00μg/mL 的氟标准溶液 0.00mL、0.50mL、1.00mL、3.00mL、5.00mL、8.00mL、10.00mL 及水样 20.00mL（或适量水样），分别放入 8 个 100mL 容量瓶中，各加入 20mL TISAB 溶液，用水稀释至刻度，摇匀。

（2）测量 将标准系列溶液由低浓度到高浓度依次移入塑料烧杯中（空白溶液除外），插入氟电极和参比电极，放入一只塑料搅拌子，电磁搅拌 2min，静置 1min 后读取平衡电位值（达平衡电位所需时间与电极状况、溶液浓度和温度等有关，视实际情况掌握）。在每次测量（更换溶液）之前，都要用蒸馏水冲洗电极，并用滤纸吸干。记录数据。

（3）水样的测定 吸取含氟水样 25.00mL 于 50mL 容量瓶中，加入 TISAB 缓冲溶液 10mL，加蒸馏水至刻度，混匀。按上述操作同法测定电位值，然后在工作曲线上查得氟含量。

实验完毕，清洗电极至所要求的电位值后保存。

3. 方法二（一次标准加入法）

取 20.00mL 水样（或适量）于 100mL 容量瓶中，加入 20mL TISAB 溶液，用水稀释至刻度，摇匀后全部转入 200mL 的干燥烧杯中，测定电位值 E_1。

向被测溶液中加入 1.00mL 浓度为 100μg/mL 的氟标准溶液，搅拌均匀，测定其电位值为 E_2。将标准系列中的空白溶液全部加到上面测过 E_2 的试液中，使试液稀释 1 倍，搅拌均匀，测定其电位值为 E_3。

【数据处理】

1. 标准曲线法数据处理

根据所测标准系列数据，在坐标纸上，作 E(mV)-pF 图，即得标准工作曲线。在标准曲线上查出稀释后水样的 F^- 浓度（或 pF 值），然后计算出水样中含氟量 $\rho(F^-)$（μg/mL）。

溶液	标准溶液						水样
容量瓶编号	1	2	3	4	5	6	
$V(F^-)$/mL							

续表

溶液	标准溶液					水样
F⁻ 浓度/(μg/mL)						
pF						
E/mV						

2. 标准加入法数据处理

水样试液中 F⁻ 浓度为:

$$c_{F^-} = \frac{c_s V_s}{c_s + V_x} (10^{\frac{|E_2 - E_1|}{S}} - 1)^{-1}$$

水样中 F⁻ 含量为:

$$\rho_{F^-} = \frac{c_{F^-} \times 100.0}{20.00}$$

式中, S 为电极响应斜率, 理论值为 $2.303RT/nF$, 和实际值有一定的差别, 为避免引入误差, 可由计算标准曲线的斜率求得, 也可借稀释一倍的方法测得。在测出 E_2 后的溶液中加入同体积空白溶液, 测其电位为 E_3, 则实际响应斜率为:

$$S = \frac{E_3 - E_2}{-\lg 2}$$

【思考题】

1. 用氟电极测定 F⁻ 含量的原理是什么?

2. 用氟电极测得的电位是 F⁻ 的浓度还是活度的响应值? 在什么条件下才能测 F⁻ 浓度?

3. 总离子强度调节缓冲溶液由哪几组分组成, 各组分的作用是什么?

4. 标准系列法测量电位值, 为什么测定顺序要由稀到浓?

实验二十四 红色食醋中醋酸浓度的自动电位滴定

【实验目的】

1. 学习和掌握自动电位滴定食醋中醋酸浓度的原理及方法。

2. 进一步熟悉和掌握 ZD-2 型自动电位滴定仪的使用和操作。

【实验原理】

用 NaOH 标准溶液作滴定剂, 滴定样品溶液中 HAc, 反应式为:

$$HAc + OH^- = Ac^- + H_2O$$

在达到化学计量点时, 产生一个电位突跃。在滴定过程中, 溶液 pH 值不断变化, 当滴定达到化学计量点时, pH 值发生突变, 因而引起电位突跃。

根据这一原理, 在红色食醋溶液中插入玻璃电极为指示电极, 饱和甘汞电极为参比电极, 组成工作电池。随着 NaOH 标准溶液的加入, 使被测 H⁺ 的浓度不断发生改变, 因而指示电极的电位也相应地发生改变。在化学计量点附近离子浓度发生改变, 致使电位突变。因此由测量工作电池的电动势变化, 就可以确定滴定终点。本实验采用自动电位滴定法测定 H⁺ 的含量, 从而求出醋酸浓度。

【仪器和试剂】

1. 自动电位滴定仪 (ZD-2 型等或其他型号)。

2. pH 玻璃电极，饱和甘汞电极。

3. 5.00mL 吸量管，100mL 小烧杯。

4. NaOH 标准溶液（浓度约 0.1mol/L）。

5. 红色食醋样品。

6. 邻苯二甲酸氢钾缓冲溶液（pH＝4.00）。

7. 混合磷酸盐（KH_2PO_4-K_2HPO_4）缓冲溶液（pH＝6.86）。

【实验步骤】

1. 手动法确定终点 pH 值（或通过计算确定终点）

（1）取食醋 2.00mL 于 100mL 小烧杯中，加入 30mL 蒸馏水，放入搅拌磁子，开始搅拌，小心将电极插入溶液中，测定溶液的 pH 值。

（2）每次从滴定管中放入 1.0mL NaOH 标准溶液于试样中，待 pH 值稳定后读数，当快接近化学计量点时，每次放入体积可减少到 0.10mL，同时记录加入 NaOH 标准溶液的体积（V）和对应的 pH 值。

（3）根据记录的 V 和 pH 值，作 pH-V 图，并确定终点的 pH 值。

2. 自动电位滴定

（1）根据以上实验（或计算）确定的终点 pH 值，设置好滴定终点。

（2）取 2.00mL 食醋样品，重复上面的实验步骤，将仪器设置为自动滴定处，进行自动滴定，自动滴定至终点时，仪器自动结束滴定，记录滴定所用 NaOH 标准溶液的体积。

【数据处理】

1. 作 pH-V 曲线，确定滴定终点的 pH 值。

2. 计算食醋中 HAc 浓度

$$c(HAc) = \frac{c(NaOH)V(NaOH)}{V(食醋样品)}$$

【思考题】

能否用指示剂滴定红色食醋中的 HAc 浓度？

实验二十五　电位滴定法测定某弱酸的 K_a 值

【实验目的】

1. 学会使用 ZD-2 型自动电位滴定仪。

2. 学会制作滴定曲线，了解电位滴定方法测定 K_a 的原理。

【实验原理】

电位滴定不仅可根据终点时反应物质浓度的突变引起指示电极的电极电位突变，从而确定终点，还可用于确定某些热力学常数。例如利用酸碱滴定的终点，pH 突跃时所消耗的滴定剂体积求出半等量点的 pH 值，就可求出弱酸或弱碱的 K_a 或 K_b。半等量点是指滴定剂消耗体积等于终点消耗体积一半时的那一点。

因为　　　　　　　　　　　　　$HA \rightleftharpoons H^+ + A^-$

所以　　　　　　　　　　　　$K_a = \frac{[H^+][A^-]}{[HA]}$

在半等量点时，剩余酸的浓度等于被中和酸的浓度，即生成盐的浓度。$[HA]=[A^-]$，

此时 $pH = pK_a$，$K_a = [H^+] = 10^{-pH}$，从滴定曲线上找出半等量点的 pH 值就可换算出 K_a，由滴定曲线还可确定该酸是几元弱酸。

【仪器和试剂】

1. 雷磁 ZD-2 型自动电位滴定仪，复合电极，量筒。

2. NaOH 标准溶液，标准 pH 缓冲液，乙酸。

【实验步骤】

1. 用 10mL 筒量取 4～6mL 某酸倒入小烧杯中，加蒸馏水使之为 50mL 左右（在保证电极正常使用，即搅拌磁子不碰电极的前提下使溶液体积尽量小，以获得最大的滴定突跃）。

2. pH 的校正：在干燥的烧杯中盛入 30～50mL 的标准 pH 缓冲溶液，装好电极，调节仪器使显示的"pH"与标准缓冲液的 pH 值相符。之后将电极用蒸馏水洗净，用滤纸轻轻吸干电极上的水准备下面实验用。具体校正方法如下：

① "设置"开关置"测量"，"pH/mV"选择开关置"pH"；

② 调节"温度"旋钮，使旋钮白线指向对应的溶液温度值；

③ 将"斜率"旋钮顺时针旋到底（100%）；

④ 将清洗过的电极插入 pH 值为 6.86 的缓冲溶液中；

⑤ 调节"定位"旋钮，使仪器显示数值与该缓冲溶液当时温度下的 pH 值相一致；

⑥ 用蒸馏水清洗电极，再插入 pH 值为 4.00（或 pH 值为 9.18）的标准缓冲溶液中，调节"斜率"旋钮，使仪器显示数值与该缓冲溶液当时温度下的 pH 值相一致；

⑦ 重复⑤～⑥直至不用再调节"定位"或"斜率"调节旋钮为止，至此，仪器完成校正。校正结束后，"定位"和"斜率"旋钮不应再动，直至下一次校正。

3. 校正后把电极插到被测溶液里，将盛有 NaOH 标准溶液的滴定管装好，记录此时溶液的 pH 值，开始滴定，每滴入 0.2mL NaOH 标准滴定液后，记录滴入 NaOH 标准溶液的体积及对应的溶液 pH 值（滴定突跃区间：每滴 0.1mL NaOH 标准溶液记录一次溶液对应的 pH 值），直滴到 pH=11.5 左右为止。

【数据处理】

1. 记录消耗 NaOH 标准溶液体积及相应的 pH 值。

2. 以 pH 值对 NaOH 体积作图，估计是几元酸，采用二阶微商计算滴定终点消耗的 NaOH 标准溶液的体积，对应其 pH 值求出 K_a 值。

【注意事项】

1. 玻璃电极使用时必须小心，以防损坏。

2. 新的或长期未用的玻璃电极使用前应在蒸馏水中浸泡活化 24h。

【思考题】

1. 测定未知溶液 pH 值时，为何要用 pH 标准缓冲溶液进行校正？

2. 测得的弱酸 K_a 值与文献值比较有何差异？若有差异，说明为什么？

3. 若用 NaOH 标准溶液滴定 H_3PO_4，滴定曲线形状应如何？怎样计算 K_{a_1}、K_{a_2} 及 K_{a_3}。

实验二十六　自动电位滴定法测定混合碱中 Na_2CO_3 和 $NaHCO_3$ 的含量

【实验目的】

1. 了解自动电位滴定仪的工作原理和基本结构，学会其使用方法。

2. 掌握用 HCl 标准溶液自动 pH 滴定测量混合碱各组分含量的方法。

【实验原理】

混合碱中 Na_2CO_3 和 $NaHCO_3$ 含量的测定，在经典的滴定分析中一般采用双指示剂法。虽然该法较简单，但由于 Na_2CO_3 被滴定至 $NaHCO_3$ 的一步中，终点不够明显，所以误差比较大。电位（pH 值）滴定是以测量溶液的电位（pH 值）并找出滴定过程中电位（pH 值）的突跃来确定终点的，故准确度比较高，适用于如上述突跃范围较窄的滴定。

自动电位（pH 值）滴定是利用仪器来控制滴定终点的。滴定前需为仪器设置滴定体系的终点控制电位（pH 值）。当准备就绪后，按下滴定开始按钮，即启动电磁阀，滴定便开始进行，标准溶液不断滴入并与被测物质发生反应，电极电位（或溶液的 pH 值）也随之发生变化。到达所设置的终点控制电位（pH 值）时，电磁阀自动关闭，滴定停止，读取标准溶液所消耗的体积。

本实验以 HCl 标准溶液滴定混合碱中的 Na_2CO_3 和 $NaHCO_3$，从理论上的计算得到，第一化学计量点的 pH 值为 8.31，第二化学计量点的 pH 值为 3.89。自动 pH 值滴定时，以这两个 pH 值设置仪器的终点控制值。

【仪器和试剂】

1. 自动电位滴定仪（ZD-2 型或 ZD-4 型）；pH 玻璃电极和饱和甘汞电极各一只；玻璃器皿一套。

2. pH 值为 4.01 及 9.18（25℃）的标准缓冲溶液各 1 瓶。

3. 0.05mol/L HCl 溶液。

4. 无水 Na_2CO_3 基准物。

5. 酚酞（含 1%酚酞的 90%酒精溶液），甲基橙（0.1%水溶液）。

6. 混合碱试样。

【实验步骤】

1. 准备工作

① 熟悉自动电位滴定仪的工作原理及结构，了解玻璃电极和饱和甘汞电极的使用方法，接好仪器线路并进行操作练习。

② 仪器的校正：仪器启动正常后，将电极插入 pH 值为 9.18 的标准缓冲溶液中，轻轻摇动烧杯，从附录中查得该测量温度下此标准缓冲溶液的 pH 值，用于校正仪器。然后测量 pH 值为 4.00 的标准缓冲溶液的 pH 值，记为 A 值，并从附录中查得该测量温度下此标准缓冲溶液的 pH 值，记为 B 值，令 $A-B=\Delta$，当测量溶液 pH 值处于 4 附近时，仪器上读得的 pH 值应减去校正差值 Δ，才是该溶液的实际 pH 值。

③ 将 0.05mol/L 的 HCl 溶液装入滴定管，把滴定管夹稳在支架上。滴定管的出口接在电磁阀的乳胶管上。

2. 滴定

（1）HCl 浓度的标定　准确称取无水 Na_2CO_3 0.40～0.45g（准确至 0.1g），置于 50mL 烧杯中，加入少量二次去离子水溶解，转移到 50mL 容量瓶中，用二次去离子水稀释至刻度，摇匀。

移取 5.00mL 上述溶液于 50mL 烧杯中，加入 20mL 二次去离子水及一滴甲基橙指示剂，放入一个搅拌子，把烧杯置于滴定台上，插入电极（注意电极插入的深度，防止被搅拌子碰撞），开动搅拌器把溶液搅拌均匀。设置终点的 pH 控制值为（3.89+Δ），启动滴定开始开关，进行自动 pH 滴定。到达终点并自动停止滴定后，读取 HCl 溶液所消耗的体积。重复滴定一次。

（2）试样的测定　准确称取混合碱试样 0.60～0.65g，置于 50mL 烧杯中，加入少量二次去离子水溶解，转移至 50mL 容量瓶中，用二次去离子水稀释至刻度，摇匀。

移取 5.00mL 试液于 50mL 烧杯中，加入二次去离子水 20mL，进行自动电位滴定。首先设置第一终点的 pH 值为 8.31，并加入酚酞指示剂作终点比较。到达第一终点后读取 HCl 溶液所消耗的体积 V_1（mL）。然后设置第二终点的 pH 值为（3.89＋Δ），并加入甲基橙指示剂作终点比较，继续滴定。到达第二终点后读取 HCl 溶液所消耗的总体积 V_2（mL）。重复测定一次。

【数据处理】

1. 列出计算盐酸标准溶液浓度的公式，求出其准确浓度及两次标定的相对偏差（要求≤0.4%）。

2. 列出计算混合碱中 Na_2CO_3 和 $NaHCO_3$ 百分含量的公式，求出两次测定的结果及相对偏差。

【注意事项】

1. 由于无水 Na_2CO_3 和混合碱试样均极易吸水，所以称量时速度要快，可减少称量误差。

2. 用标准缓冲溶液进行仪器的定位校正时，有时数值不太稳定，需反复摇动烧杯，观察读数的变化情况，直到数值稳定为止。如果发现仪器在使用过程中定位点有漂移，则在做完标定的滴定以后，重新定位，以确保终点的准确性。

3. 每次滴定前后，在上下移动电极及滴液毛细管时，要注意毛细管内有无气泡及管尖有无挂上液滴，如果有，应小心除去，以提高测定的精密度和准确性。

4. 若能配上自动滴定管，将使操作更为方便和省时，需熟练掌握自动滴定管的使用方法。

【思考题】

1. 试比较双指示剂滴定法和自动 pH 滴定法测定混合碱组分含量的优缺点。

2. 在试样测定中，第二终点的 pH 控制值为什么要"3.89＋Δ"，而第一终点不必加"Δ"？

3. 使用 pH 玻璃电极和饱和甘汞电极时应注意哪些问题？

4. 混合碱通常是指 NaOH、$NaHCO_3$、Na_2CO_3 的可能混合物，如何从两次滴定终点所消耗的盐酸标准溶液的体积 V_1 和 V_2，判断混合碱的组成？若试样是单一种组分，则 V_1 和 V_2 的关系又如何？

实验二十七　电位滴定法测定果汁中的可滴定酸

【实验目的】

1. 了解电位滴定法的原理。

2. 掌握电位滴定的基本操作和滴定终点的计算方法。

【实验原理】

电位滴定法是在滴定过程中根据指示电位和参比电极的电位差或溶液 pH 值的突跃来确定终点的方法。在酸碱电位滴定过程中，随着滴定剂的不断加入，被测物与滴定剂发生反应，溶液 pH 值不断变化，就能确定滴定终点。滴定过程中，每加一次滴定剂，测一次 pH

值，在接近化学计量点时，每次滴定剂加入量要小到 0.10mL，滴定到超过化学计量点为止。这样就得到一系列滴定剂用量 V 和相应的 pH 值数据。

常用的确定滴定终点的方法有以下几种。

（1）绘 pH-V 曲线法 以滴定剂用量 V 为横坐标，以 pH 值为纵坐标，绘制 pH-V 曲线。作两条与滴定曲线相切的直线，等分线与直线的交点即为滴定终点，如图 6.5 所示。

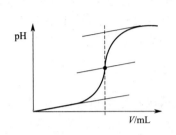

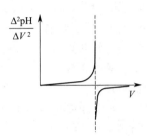

图 6.5 pH-V 曲线   图 6.6 ΔpH/ΔV-V 曲线   图 6.7 Δ^2pH/ΔV^2-V 曲线

（2）绘 ΔpH/ΔV-V 曲线法 ΔpH/ΔV 代表 pH 的变化值一阶微商与对应的加入滴定剂体积的增量（ΔV）的比。绘制 ΔpH/ΔV-V 曲线的最高点即为滴定终点，见图 6.6。

（3）二阶微商法 绘制 Δ^2pH/ΔV^2-V 曲线。ΔpH/ΔV-V 曲线上一个最高点，这个最高点下即是 Δ^2pH/ΔV^2 等于零的时候，这就是滴定终点法（见图 6.7）。该法也可不经绘图而直接由内插法确定滴定终点。

水果中的可滴定酸度以每 100mL 中氢离子物质的量（毫摩尔）表示，按下式计算：

$$可滴定酸度（mmol/100mL）=\frac{cV_1}{V_0}\times100$$

式中 c——氢氧化钠标准溶液浓度，mol/L；

V_1——滴定时所消耗的氢氧化钠标准溶液的体积，mL；

V_0——吸取滴定用的样液的体积，mL。

【仪器和试剂】

1. 酸度计（pHS-2C 型），电磁搅拌器，231 型玻璃电极和 232 型饱和甘汞电极，10mL 半微量碱式滴定管，100mL 小烧杯，10.00mL 移液管，100mL 容量瓶。

2. KCl（1mol/L），NaOH（0.1000mol/L）标准溶液，水果汁。

【实验步骤】

准确吸取果汁 10.00mL 于小烧杯中，加 1mol/L KCl 5.0mL，再加水 35.00mL。放入搅拌磁子，浸入玻璃电极和甘汞电极。开启电磁搅拌器，用 0.1000mol/L NaOH 标准溶液进行滴定，滴定开始时每间隔 1.0mL 读数一次，待到化学计量点附近时间隔 0.10mL 读数一次。记录格式如下。

V/mL	pH 值	ΔV	ΔpH	ΔpH/ΔV	Δ^2pH/ΔV^2

【数据处理】

1. 绘制 pH-V 和（ΔpH/ΔV)-V 曲线，分别确定滴定点 V_e（可由 Excel 软件作图）。

2. 用二阶微商由内插法确定终点 V_e。

3. ΔpH、ΔV、ΔpH/ΔV、Δ^2pH/ΔV^2 可用计算和编程处理。

【注意事项】

1. 玻璃电极在使用前必须在去离子水中浸泡活化 24h，玻璃电极膜很薄易碎，使用时应十分小心。

2. 安装电极时甘汞电极应比玻璃电极略低些（为何?），两电极不要彼此接触，也不要碰到杯底或杯壁。

3. 滴定开始时滴定管中 NaOH 应调节在零刻度上，滴定剂每次应准确放至相应的刻度线上。滴定过程中，可将读数开关一直保持打开，直至滴定结束，电极离开被测液时应及时将读数开关关闭。

【思考题】

1. 用电位滴定法确定终点与指示剂法相比有何优缺点?

2. 实验中为什么要加入 5.0mL 1mol/L 的 KCl?

3. 滴定终点时，反应终点的 pH 值是否等于 7? 为什么?

第7章 电导分析法

通过测定电解质溶液的电导值来确定物质含量的分析方法称为电导分析法（Conductomery）。金属、电解质溶液等都是能够传导电荷的物质，故称为导体。电荷在导体中向一定方向的移动就形成了电流。本章讨论的电导是指电解质溶液中正、负离子在外电场作用下的迁移而产生的电流传导，是电解质导电能力的量度。溶液的导电能力与溶液中正、负离子的数目、离子所带的电荷量、离子在溶液中迁移的速率等因素有关。建立在溶液电导与离子浓度关系基础上的方法就称为电导分析法。电导分析法可分为电导法和电导滴定法两种。电导分析法具有简单、快速和不破坏被测样品等优点。

7.1 基本原理

7.1.1 电解质溶液的基本性质

7.1.1.1 电导（G）和电导率（κ）

电导是衡量电解质溶液导电能力的物理量，为电阻的倒数。单位为西门子 S，$1S = 1\Omega^{-1}$。

$$G = 1/R = \frac{1}{\rho} \times \frac{A}{L} = \kappa \frac{A}{L} \tag{7.1}$$

式中，ρ 为电阻率，$\Omega \cdot cm$；A 为导体截面积，cm^2；L 为导体长度，cm；κ 为电导率，S/cm 或 Ω^{-1}/cm，是电阻率的倒数。其物理意义是当 $A = 1cm^2$、$L = 1cm$ 时正立方体液柱（单位体积导体）所具有的电导；或相当于 $1cm^3$ 溶液在距离为 $1cm$ 的两电极间所具有的电导。

对于一定的电导电极，电极面积（A）与电极间距（L）固定，故 L/A 为定值，称为电导池常数，用 θ 表示。

$$\theta = \frac{L}{A} = \kappa R = \kappa \times \frac{1}{G} \tag{7.2}$$

电导率不能直接准确测得，一般是用已知电导率的标准溶液，测出其电导池常数 θ，再测出待测溶液的电导率。标准 KCl 溶液的电导率见附录三。

电导率与电解质溶液的浓度和性质有关。

① 在一定范围内，离子的浓度越大，单位体积内离子的数目就越多，导电能力越强，电导率就越大。

② 离子的迁移速率越大，电导率就越大。电导率与离子的种类有关，还与影响离子的迁移速率的外部因素如温度、溶剂黏度等有关。

③ 离子的价数越高，携带的电荷越多，导电能力越强，电导率就越大。

7.1.1.2 摩尔电导率（Λ_m）和无限稀释摩尔电导（Λ_m^0）

摩尔电导率（Λ_m）是距为单位长度的两电极板间含有单位物质的量的电解质溶液的电导，单位为 $(S \cdot m^2)/mol$。

$$\Lambda_m = \frac{\kappa}{c} \tag{7.3}$$

随着溶液浓度的增大，单位体积内的离子数目增大，使溶液的电导随之增大，但当浓度增大到一定值时，因为离子间互相作用力加强，或者是电解质离解度降低，导致电导率下降。根据式（7.3）可知，c 减小，Λ_m 增大，当浓度小到一定程度（无限稀释）时，其值达到恒定。无限稀释时溶液的摩尔电导，称极限摩尔电导，用 Λ_m^0 表示。

此时的电导率符合离子独立运动定律：即在无限稀释时，所有电解质全部电离，而且离子间一切相互作用力均可忽略，因此离子在一定电场作用下的迁移速度只取决于该离子的本性而与共存的其他离子的性质无关。

由于无限稀释时离子间一切作用力均可忽略，所以电解质的摩尔电导率应是正、负离子单独对电导所提供的贡献——各离子的无限稀释摩尔电导率的总和。

$$\Lambda_m^0 = \Lambda_{m+}^0 + \Lambda_{m-}^0 \tag{7.4}$$

式中，Λ_{m+}^0 和 Λ_{m-}^0 分别代表无限稀释的溶液中正离子和负离子的无限稀释摩尔电导率。

7.1.1.3　电导与电解质溶液浓度的关系

式（7.3）代入式（7.2）得：

$$G = \Lambda_m \times \frac{c}{\theta} \tag{7.5}$$

在电极一定、温度一定的电解质溶液中，Λ_m 和 θ 均为定值，此时，溶液的电导与其浓度成正比，即

$$G = Kc \tag{7.6}$$

上式仅适用于稀溶液，在浓溶液中，由于离子间的相互作用，使电解质溶液的电离度小于 100%，并影响离子的运动速率，从而使 Λ_m 不为常数，电导与浓度就不是简单的线性关系。

7.1.2　电导分析法的应用

7.1.2.1　直接电导法

直接根据溶液的电导与被测离子浓度的关系来进行分析的方法，叫做直接电导法。

直接电导法主要应用于水质纯度的鉴定以及生产中某些中间流程的控制及自动分析。

① 水质纯度的鉴定。

② 合成氨中一氧化碳与二氧化碳的自控监测。在合成氨的生产流程中，必须监控一氧化碳和二氧化碳的含量，因为当其超过一定限度时，便会使催化剂铁中毒而影响生产的进行。在实际生产过程中，可采用电导法进行监测。

③ 钢铁中碳和硫的快速测定。

④ 大气中一些气体污染物的监测。

⑤ 有关物理化学常数的测定。如弱电解质电离度和离解常数的测定和溶度积的测定等。

7.1.2.2　电导滴定法

电导滴定法是根据滴定过程中溶液电导的变化来确定滴定终点的。在滴定过程中，滴定剂与溶液中被测离子生成水、沉淀或难离解的化合物，使溶液的电导发生变化，而在化学计量点时滴定曲线上出现转折点，指示滴定终点。

电导滴定法一般用于酸碱滴定和沉淀滴定，但不适用于氧化还原滴定和络合滴定，因为

在氧化还原或络合滴定中，往往需要加入大量其他试剂以维持和控制酸度，所以在滴定过程中溶液电导的变化就不太显著，不易确定滴定终点。

7.2 电极及测量仪器

7.2.1 电导电极

电导电极的构成如图 7.1 所示。

常用电极为铂电极，有光亮铂电极和铂黑电极两种。铂黑电极是在其表面覆盖一层细小铂粒，能减小极化，故常采用。

7.2.2 电导仪和电导的测量

将电导电极插入待测溶液中，即组成了电导池，再将电导电极接入电导仪，就能测量溶液的电导，实际上就是测量其电阻。经典的测量方法是惠斯登平衡电桥法，但由于其测量误差较大，现已不采用。现在使用的电导仪一般采用电阻分压法原理，电路示意图如图 7.2 所示。

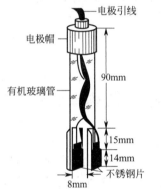

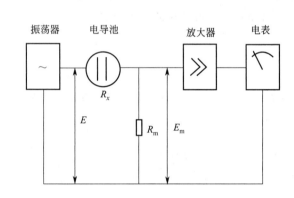

图 7.1　电导电极　　　　　　　　图 7.2　电阻分压法电路示意图

由振荡器输出的交流高频电压 E，施加于电导池（R_x）及与之串联的电阻 R_m 的电流强度 $I = E/(R_m + R_x)$，设 E_m 为电阻 R_m 两端的电位差，则

$$E_m = IR_m = \frac{ER_m}{R_m + R_x}$$

由于 E 和 R_m 均为恒定值，所以 R_x 的变化必将引起 E_m 的变化，通过测量 E_m 即可测得电阻 R_x，取倒数后即可得到电导值 G。

如要求电导率，可用下式计算：

$$\kappa = G\theta$$

在电导仪上有电导池常数的校正装置，电导仪可直接显示电导率的值。

7.2.3 DDS-320 型电导率仪的使用方法

DDS-320 型电导率仪是一种数字显示精密台式电导率仪，它广泛应用于科研、生产教学和环境保护等许多科学领域。用于精密测量高纯水电导率，当配以 0.1、0.01 规格常数的电导电极时，仪器可以精确测量高纯水电导率。

仪器的温度补偿有自动补偿（ATC）和手动补偿两种，仪器主要特点为：高稳定性、高可靠性；先进的电路结构；输出测量信号；高清晰度数码显示等。

7.2.3.1 仪器结构和技术性能

1．仪器结构（见图7.3、图7.4）

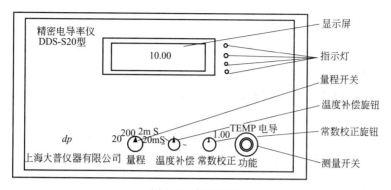

图7.3 仪器正面

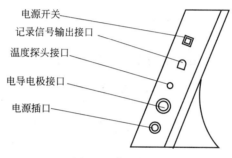

图7.4 仪器侧面

2．技术性能

（1）仪器使用条件

供电电源：AC 220V±10％，50/60Hz，为保证仪器测量精确可靠，测量时，请在下列环境下使用：环境温度0～40℃；空气相对湿度≤85％；无显著的振动、强磁场干扰。

（2）主要技术参数

测量范围：电导率0～$2×10^5 \mu S/cm$，温度0～100.0℃。

准确度：电导率±0.5％ F·S，温度±0.5℃。

仪器稳定性：0.2％ F·S。

仪器重复性误差：0.2％。

温度补偿范围：自动补偿0～100℃，手动补偿15～35℃。

输出测量信号：0～20mV。

可配电极规格常数：0.01、0.1、1、10四种。

7.2.3.2 使用方法

1．测量电导率

（1）电导电极规格常数和电导池常数　常用电导电极规格常数（J_0）有四种0.01、0.1、1和10。其实际电导池常数（$J_实$）允许误差为≤±20％。即同一规格常数的电导电极，其实际电导池常数的存在范围为$J_实=(0.8～1.2)J_0$。

测量液体介质时，应根据被测液介质电导率范围而选用电导电极的规格。一般地，四种规格电导电极适用电导率测量范围参照表 7.1。

表 7.1 选用电导电极规格常数对应被测液介质电导率量程

电极规格常数	0.01	0.1	1	10
使用测量范围/(μS/cm)	0～3	0.1～30	0～3000	100 以上

本仪器配套供应（标准套）电导电极一支，其规格常数 $J_0=1$。

（2）仪器量程显示范围 本仪器设有四挡量程。当选用规格常数 $J_0=1$ 电极测量时，其量程范围见表 7.2。

表 7.2 $J_0=1$ 时仪器各量程段对应量程显示范围

序 号	量程开关位置	仪器显示范围	对应量程范围/(μS/cm)
1	20μS	0～19.99	0～19.99
2	200μS	0～199.9	0～19.99
3	2mS	0～1.999	0～19.99
4	20mS	0～19.99	0～19990

注：量程 1、2 挡，单位 μS；量程 3、4 挡，单位 mS。其关系：$1\mu S=10^{-3}mS=10^{-6}S$。

选用其他规格常数电极时，其量程显示范围见表 7.3。

表 7.3 量程显示范围

序号	量程开关位置	仪器显示范围	选用电极各规格常数对应量程显示范围/(μS/cm)		
			$J_0=0.01$	$J_0=0.1$	$J_0=10$
1	20μS	0～19.99	(0～19.99)×0.01	(0～19.99)×0.1	(0～19.99)×10
2	200μS	0～199.9	(0～199.9)×0.01	(0～199.9)×0.1	(0～199.9)×10
3	2mS	0～1.999	(0～1999)×0.01	(0～1999)×0.1	(0～1999)×10
4	20mS	0～19.99	(0～19990)×0.01	(0～19990)×0.1	(0～19990)×10

设 $K_{测}$ 为被测液体电导率，则 $K_{测}=D_{表}\times J_0$。

式中，$D_{表}$ 为仪器显示值；J_0 为电导电极规格常数。

（3）使用操作

① 第一种情况：不采用温度补偿（基本法）。

a. 常数校正 同一规格常数的电极，其实际电池常数的存在范围 $J_{实}=(0.8～1.2)J_0$。为消除这实际存在的偏差，仪器设有常数校正功能。

操作：打开电源开关，将仪器测量开关置校正（基本）挡，调节常数校正钮，使仪器显示电导池实际常数（系数）值。即当 $J_{实}=J_0$ 时，仪器显示 1.000；$J_{实}=0.95J_0$ 时，仪器显示 0.950；$J_{实}=1.05J_0$ 时，仪器显示 1.050，如表 7.4 所示。

表 7.4 规格常数和常数校正显示

规格常数 J_0	$J_{实}=0.950 J_0$		$J_{实}=1.050 J_0$	
	$J_{实}$	常数校正显示	$J_{实}$	常数校正显示
0.01	0.0095		0.0105	
0.1	0.095	0.950	0.105	1.050
1	0.95		1.05	
10	9.50		10.5	

电极是否接上及仪器量程开关在何位置都不影响常数校正。

新电极出厂时，其 $J_实$ 一般标在电极相应位置上。

b. 测量　选择合适规格常数的电极，根据电极实际电导池常数，仪器进行常数校正。经校正后，仪器可直接测量液体的电导率。

将测量开关置"电导"挡，选用适当的量程挡（参照表7.2、表7.3），将清洁后的电极插入被测液中，仪器显示该被测液在溶液温度下的电导率。

② 第二种情况：采用温度补偿（温度补偿法）。

a. 自动温度补偿

（a）常数校正　将仪器测量开关置校正（基本）挡，调节常数校正钮。使仪器显示电导池实际常数值，其要求和方法同第一种情况（基本法）。

（b）测量　接上电导电极和温度探头，将电极和温度探头插入被测液体中，并适时等温，这时仪器显示被测液的电导率即为该液体标准温度（25℃）时的电导率（温度自动补偿）。

b. 手动温度补偿

（a）常数校正　调节温度补偿旋钮，使其指示的温度值与溶液温度相同，将仪器测量开关置校正（温补）挡，调节常数校正钮，使仪器显示电导池实际常数值，其要求和方法同第一种情况（基本法）。

（b）测量　操作方法同第一种情况（基本法），这时仪器显示被测液的电导率为该液体标准温度（25℃）时的电导率。

说明：一般情况下，所指液体电导率是指该液体介质标准温度（25℃）时的电导率。当介质温度不在25℃时，其液体电导率会有一个变量。为等效消除这个变量，仪器设置了温度补偿功能。

仪器不采用温度补偿时，测得液体电导率为该液体在其测量时液体温度下的电导率。

仪器采用温度补偿时，测得液体电导率为该液体已换算为该液体在25℃时的电导率值。

本仪器温度补偿系数为每度（℃）2%，所以在作高精度测量时，尽量不采用温度补偿。而采用测量查表或将被测液等在25℃时测量，来求得液体介质在25℃时的电导率值。

2. 测量温度

测量开关置温度挡，接上温度探头，将探头置于被测体，仪器显示被测体温度。

7.2.3.3　仪器维护和注意事项

1. 电极应置于清洁干燥的环境中保存。

2. 电极在使用和保存的过程中，因受介质、空气侵蚀等因素的影响，其电导池常数会有所变化。电导池常数发生变化后，需重新进行电导池常数测定。仪器应根据新测的常数重新进行"常数校正"。

3. 测量时，为保证样液不被污染，电极及探头应用去离子水（或二次蒸馏水）冲洗干净，并用样液适量冲洗。

4. 仪器进行手动温度补偿时温度探头必须卸下（不得接在仪器上）。

5. 当样液介质电导率小于 $1\mu S/cm$ 时，应加测量槽做流动测量。

6. 选用仪器量程挡应参照表7.2和表7.3。能在低一挡量程内测量的，就不在高一挡量程测量。在低挡量程内，若已超量程，仪器显示屏左侧第一位显示1（溢出显示）。此时，请选高一挡测量。

7.2.3.4 电导池常数常用的测量方法

1. 标准溶液测定法

配制电导率标准溶液：电导率溶液标准物质取氯化钾，按附录三（参见仪器使用说明书或实验书）要求配制。

清洗、清洁待测电极，并接入仪器；插入溶液。

仪器操作：测量开关置校正（基本）挡，调节常数校正钮，使仪器显示 1.000。测量开关置"电导"挡，读出仪器读数 $D_表$。

计算：

$$J_待 = K_标 / D_表$$

式中，$J_待$ 为待测电极的电导池常数，cm^{-1}；$K_标$ 为标准溶液的电导率，由附录一查得，S/cm；（计算时应统一单位，用 $\mu S/cm$ 或 mS/cm）；$D_表$ 为仪器显示读数，μS 或 mS，由仪器使用量程挡得到。

2. 标准电极（已知常数电极）比较法

用一已知常数电极与未知常数电极测量同一种溶液的方法求得未知电极电导池常数。

由公式 $J_待 D_待 = J_标 D_标$ 得

$$J_待 = J_标 D_待 / D_标$$

式中，$J_待$ 为未知电极待测常数；$D_待$ 为未知电极测得仪器读数；$J_标$ 为标准电极常数；$D_标$ 为已知电极仪器读数。

注意：已知电极电导池常数要正确。

7.3 实验部分

实验二十八　电导法测定水质纯度

【实验目的】

1. 掌握电导分析法的基本原理。
2. 学会用电导法测定水纯度的实验方法。
3. 掌握电导池常数的测量技术。

【实验原理】

水溶液中的离子，在电场作用下具有导电能力。

由于纯水中的主要杂质是一些可溶性的无机盐类，它们在水中以离子状态存在，所以通过测定水的电导率，可以鉴定水的纯度，并以电导率作为水质纯度的指标。电导率愈小，即水中离子总量愈小，水质纯度愈高；反之，电导率越大，水质纯度愈低。普通蒸馏水的电导率为（3～5）$\times 10^{-6} S/cm$，而去离子水可达到 $1 \times 10^{-7} S/cm$。

值得注意的是，水中的细菌、悬浮杂质和某些有机物等非导电性物质对水质纯度的影响，很难通过直接电导法测定。

【仪器和试剂】

1. 电导率仪，电导电极。
2. 水样：高纯水、蒸馏水、自来水。
3. 氯化钾标准溶液。

【实验步骤】

1. 测定电导池常数

① 仔细阅读电导率仪的使用说明书，掌握电导仪的使用及电导电极的使用。

② 将电导仪接上电源，开机预热。装上电导电极，用蒸馏水冲洗几次，并用滤纸吸去水珠。

③ 将洗净的电极再用氯化钾标准溶液冲洗，并用滤纸吸去水珠。随后浸入欲测定的氯化钾标准溶液中，启动测量开关进行测量。由测量结果确定电导池常数。

2. 水样中电导率的测定

取高纯水、蒸馏水、自来水分别置于三个 50mL 烧杯中，用蒸馏水、待测水样依次进行电极清洗，逐一进行测量。

【数据处理】

1. 计算出所使用的电导池的池常数。

2. 计算出欲测水样的电阻率和电导率。

【思考题】

1. 测量电导为什么要用交流电？能不能用直流电？

2. 电导法测定高纯水时，电导随试液在空气中的放置时间增长而增大，可能的影响因素是什么？

实验二十九 电导滴定法测定醋酸的解离常数

【实验目的】

1. 熟悉电导滴定法的基本原理。

2. 掌握电导滴定法测定弱酸解离常数的实验方法。

【实验原理】

溶液的电导随离子的数目、电荷和大小而变化，也随着溶剂的某些特性如黏度的变化而变化。这样就可以预料不同种离子对给定溶液产生不同的电导。因此，如果溶液中一种离子通过化学反应被另一种大小或电荷不同的离子取代，必然导致溶液的电导发生显著的变化。电导滴定法正是利用这个原理完成欲测物质的定量测定的。

一种电解质溶液的总电导，是溶液中所有离子电导的总和。即：

$$G = \frac{1}{1000\theta} \sum c_i \lambda_i \tag{7.7}$$

式中，c_i 为 i 种离子的浓度，mol/L；λ_i 为其摩尔电导；θ 为电导池常数。

弱酸的解离度（α）与其电导的关系可以表示为：

$$\alpha = G_c / G_{100\%} \tag{7.8}$$

式中，G_c 为任意浓度时实际电导值，它是从实验中实际测量的；$G_{100\%}$ 为同一浓度完全解离时的电导值，它可以从不同的滴定曲线计算而得。

醋酸在溶液中的解离平衡为：

$$HAc \rightleftharpoons H^+ + Ac^-$$
$$c(1-\alpha) \quad c\alpha \quad c\alpha$$

解离常数 K_a 为

$$K_a = \frac{[H^+][Ac^-]}{[HAc]} = \frac{c\alpha^2}{1-\alpha} \tag{7.9}$$

根据电解质的电导具有加和性的原理，对任意浓度醋酸在完全解离时的电导值能从有关滴定曲线上求得。假如选用氢氧化钠滴定醋酸溶液和盐酸溶液，可从滴定曲线上查得有关电导值后，按下式计算醋酸在 100% 解离时的电导值。

$$G_{HAc(100\%)} = G_{NaAc} + G_{HCl} - G_{NaCl} \qquad (7.10)$$

式中，G_{NaAc} 为醋酸被 NaOH 标准溶液滴定至终点的电导值；G_{NaCl} 为盐酸被滴定至终点的电导值 [注意：所述电导值应按式(7.7) 校正至相同的浓度，式(7.10) 才成立]。

【仪器和试剂】

1. 电导仪，电导电极（铂黑电极）。
2. 电磁搅拌器。
3. 醋酸溶液（0.1mol/L）。
4. NaOH 标准溶液（0.2000mol/L）。
5. 盐酸溶液（0.1mol/L）。

【实验步骤】

1. 预热电导仪，连接电导电极。
2. 移取约 0.1mol/L 醋酸溶液 20mL 于 300mL 的烧杯中，加蒸馏水 170mL，放烧杯在电磁搅拌器上，插入洗净的电导电极，注意不能影响搅拌磁子的转动。开动电磁搅拌器，调节搅拌速度，使溶液不出现涡流。
3. 用 0.2000mol/L 的氢氧化钠标准溶液滴定，首先记录醋酸未滴定时的读数，然后每次滴加 0.5mL，读一次电导值，直到滴定约 20mL。
4. 同实验步骤 2 和 3，用 0.2000mol/L 的氢氧化钠溶液滴定约 0.1mol/L 的盐酸溶液 20mL。

【数据处理】

1. 绘制醋酸和盐酸的电导滴定曲线。
2. 从两种滴定曲线的终点所消耗的氢氧化钠溶液的体积，分别计算醋酸和盐酸的准确浓度。
3. 按方法原理中式(7.7)，校正 G_{NaAc}、G_{HCl} 和 G_{NaCl} 与 G_{HAc} 相同的物质的量浓度时的数值，在按式(7.10) 求醋酸在 100% 解离时的电导值，进而从式(7.8) 和式(7.9) 计算出醋酸的解离常数 K_a。

【思考题】

1. 解释用 NaOH 滴定 HAc 和 HCl 的电导滴定曲线为何不同？
2. 本实验所使用方法测定弱酸的解离常数 K_a，有哪些特点？
3. 如果准确测定 K_a 值，在滴定实验中应着重控制哪些影响因素？

第 8 章　电解分析法和库仑分析法

电解分析法（electrolytic analysis）和库仑分析法（Coulometry）都是建立在电解基础上的方法。电解过程中反映电解电量与电极反应物质的量之间关系的法拉第电解定律、反映电极电位与电极表面溶液化学组成关系的能斯特方程式和反映外加电压与反电压及电解电流关系的电解方程式是这两种分析方法的理论基础。

8.1　基本原理

8.1.1　电解分析法

电解是电解池内两个电极在外加电压作用下，电解质溶液中电活性物质在电极上发生电化学反应而产生电流的过程。电极反应能否发生取决于电极电位和反应物活度，而产生电流的大小则由电极反应的速率来决定。

电解分析法的测定对象若是物质的质量就称为电重量法，若是用于物质的分离则称为电解分离法。

电解分析法按电解过程分为控制电流（恒电流）电解和控制电位电解两大类。

8.1.1.1　控制电流电解分析法

控制电流电解分析法是在恒电流条件下进行电解，使待测离子以单质、氧化物或难溶盐等沉积物的形式在阴极或阳极上定量地析出，根据沉积物的化学组成，直接称量电极上析出物质的质量进行定量分析。

恒电流电解的基本装置如图 8.1 所示。以直流电源作为电解电源，加在电解池的电压由可变电阻 R_1 调节，并由电压表 Ⓥ 指示。一般采用铂网作阴极，螺旋形铂丝作阳极并用电机带动，兼起搅拌作用。电解过程中，随着电解时间的延长，电活性物质活度下降，通过电解池的电流（由电流表Ⓐ读出）渐渐减小。对于一个电还原过程，此时可通过调节 R_1 改变外加电压，将阴极电位逐渐调向更负的数值，以保持电流强度恒定。当阴极电位负到第二种电活性物质的析出电位时，第二种物质就开始在电极上析出。若电解是在水溶液中进行，最终是氢在电极上析出，电极电位也就相对地稳定在氢的析出电位上。由于对阴极电位不加限制，这种方法只能使析出

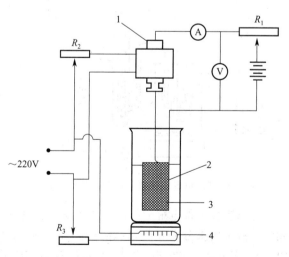

图 8.1　恒电流电解仪的基本装置

1—搅拌电机；2—网状铂电极；3—螺旋状铂电极；4—加热电路；

R_1—电流调节电阻；R_2—电机转速调节电阻；

R_3—电炉温度调节电阻

电位在氢以下与以上的金属离子得到定量分离，仅适合于溶液中只有一种较氢更易还原析出的金属离子的测定。

这种方法的优点是：仪器装置与操作简单，电解时间短。缺点是：选择性差，测定混合离子溶液时会发生共沉淀，使应用受到很大的限制。

方法的准确度在很大程度上取决于沉积物的性质。沉积物需牢固地附着在电极上，防止在操作过程中脱落。若电极表面的电流密度高，沉积速度过快，易使沉积物不纯。氢气的析出会使沉积物成为海绵状而容易脱落。为获得优良的沉积物，电解必须使用不太大的电流，充分搅拌溶液，控制适当酸度和温度，使配合物电解。

8.1.1.2　控制阴极电位电解分析法

控制阴极电位电解分析法是在电解过程中将阴极电位控制在一定的范围内，使得某种离子还原析出，而其他离子保留在溶液中，达到分离和测定金属离子的目的。

由能斯特方程可知简单金属离子的浓度每降低 1/10，其还原电位负移 $\frac{0.0592}{n}$ V。如以离子的浓度降到原来的 10^{-6} 作为完全分离的标准，从理论上讲，两种简单一价离子的分解电位只要相差 0.355V 就能定量分离。在实际工作中，是由一个参比分别来监控电解过程中阴极电位的变化，通过在相同实验条件下分别获得两种金属离子的电解电流与阴极电位的关系曲线来确定电解分离两种金属离子的控制电位范围。

控制阴极电位电解的装置如图 8.2 所示。电解过程中，阴极电位可用电位计准确测量，可通过可变电阻 R 调节施加于电解池的电压，使阴极电位保持在特定数值或某一范围内。

例如溶液中存在 A、B 两种离子，它们在电解时的电流与阴极电位的关系曲线如图 8.3 所示。图中 E_A、E_B 分别为 A、B 两种离子的析出电位，只要将阴极电位控制在 E_A 与 E_B 之间，就只有离子 A 在阴极上析出，而离子 B 不析出。

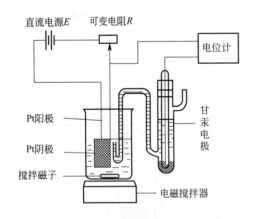

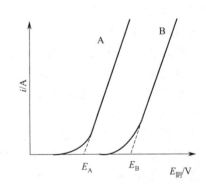

图 8.2　控制阴极电位电解分析法的仪器装置　　图 8.3　两种金属离子共存的溶液的电解曲线

控制阴极电位电解分析法的优点是选择性好，用途较控制电流电解分析法广泛，电解时间短，故可用来分离并测定 Ag（与 Cu 分离）、Cu（与 Bi、Pb、Sm、Ni 等分离）、Bi（与 Pb、Sn 等分离）和 Cd（与 Zn 分离）等金属离子。

以汞代替铂作为阴极进行电解分离金属离子的方法称为汞阴极分离法。由于氢在汞电极上有较大的过电位以及许多金属易与汞形成汞齐而变得易于析出，使该法成为一种应用范围广泛的有效分离方法。

8.1.2　库仑分析法

库仑分析法是测量电解过程被测物质定量地进行某一电极反应时所消耗的电量，或被测物质与某一电极反应的产物定量反应完全时所消耗的电量，然后根据法拉第电解定律计算被测物质的含量。只有电极反应单一，电流效率为 100% 时，此方法才适用。

库仑分析按电解过程也可分为控制电位库仑分析法和恒电流库仑滴定法两类。

8.1.2.1　控制电位库仑分析法

控制电位库仑分析法是控制电位电解分析法的一种特殊形式，也是采用控制电极电位的方式进行电解。所不同的是：控制电位库仑分析法的电解电路中需串联一个能精确测量电量的库仑计（或称为电量计），然后分析测定电解过程中所消耗的电量，求出被测物质的含量。方法的突出优点是选择性高，通过控制工作电极的电位，可在同一溶液中连续多次电解测定多个元素，而且在没有固体电解产物的情况下也能应用。

最常用的库仑计有：银库仑计、氢氧气体库仑计和电子库仑计。

银库仑计由一对铂电极（网状铂阴极和螺旋状铂阳极）浸于 $AgNO_3$ 溶液中组成。将其串联在电解回路中，电流通过电解池时也通过库仑计，Ag^+ 还原成 Ag 在铂网电极上析出，由铂网电极上析出金属银的质量，即可计算出通过电解池的电量。

氢氧气体库仑计实际上是一个串联在电解回路中的水电解装置。它是根据水的电解作用产生氢氧混合气体，测定所析出混合气体的体积，即可计算通过电解池的电量。根据水的电解反应和法拉第电解定律可知：每一法拉第电量（即 96487C）在标准状态下可产生 11200mL 氢气和 5600mL 氧气，即每库仑电量析出 0.1741mL 混合气体。

电子库仑计是让电解电流通过一个标准电阻，产生电压降，并由电压-频率转换器把电压转换成频率。电压降随时间变化，频率也随时间变化。频率同电压降一样与电解电流成正比，因而根据频率脉冲计数，可对随时间变化的电压（或电解电流）进行积分，求出电解时消耗的总电量。电子库仑计的自动化程度高，操作快速简便。

8.1.2.2　恒电流库仑滴定法

恒电流库仑滴定法也称库仑滴定法。它是建立在控制电流电解过程上的库仑分析方法。让强度一定的电流通过电解池，由电极反应产生一种"电子滴定剂"，这种滴定剂立即与被测物质发生定量反应。当被测物质被作用完毕时，"终点"指示系统发出到达终点的信号，立即停止电解，并从计时器上获得整个电解所消耗的时间。由电流强度和电解时间，根据法拉第电解定律可以计算出被测物质的含量。法拉第电解定律的数学关系式为：

$$m = \frac{M}{nF} it \tag{8.1}$$

式中，m 为被测物质的质量，g；M 为其摩尔质量；n 为电极反应的电子转移数；F 为法拉第常数，96487C；i 为通过电解池的电流，A；t 为通过电流的时间，s。

恒电流库仑滴定装置主要包括两部分：电解系统和指示系统。具有电位指示终点的恒电流库仑滴定装置如图 8.4 所示。电解系统为一恒电流电解装置，电解电流的大小由标准电阻 R 控制。指示系统就是一套直接电位法测定装置。电解时间由计时器指示。当到达滴定反应的电位突跃最大处时，指示电路发出信号指示滴定终点，用人工或自动装置切断电解电源，并同时记录时间。通常要用带多孔性膜的玻璃套管将电解系统的阳、阴极隔开，以避免阳极和阴极电解产物可能产生的干扰。

库仑滴定法的终点指示方法较多，最常用的有以下几种。

（1）指示剂法　普通容量分析所用的化学指示剂大部分都可用于库仑滴定，这种方法较为简便。但是如测定毫当量级的物质时，由于化学指示剂的变化范围较宽，易导致分析误差偏大，不宜使用。

（2）电位法　电位法指示终点是在滴定过程中每隔一定时间停止通电，记下电位计读数和电生滴定剂的时间，以电位计读数对时间作图，从图上找出滴定终点，当滴定到达终点时，电位发生突变。

（3）永停终点法　永停终点法指示终点的装置如图 8.5 所示。通常在指示终点用的两支微铂指示电极（e_1、e_2）上施加一小的恒电压（$50\sim200\text{mV}$），并在线路中串联一个灵

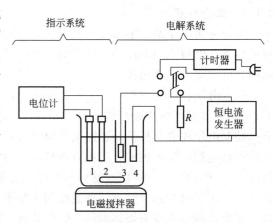

图 8.4　电位法指示终点的恒电流库仑滴定装置

1—指示电极；2—参比电极；3—Pt 阳极置于带融垂玻璃的保护罩中；4—Pt 阴极

敏的检流计 G，直接观察检流计上电流的突变来确定滴定终点。要使电流通过 G 并流经电解池，在一个微铂电极上必须发生氧化反应，另一个电极上必须发生还原反应。由于所加的电压很小，溶液中仅有可逆氧化还原电对的一种状态（氧化态或还原态）存在时，它是无法在指示电极上发生反应的。只有可逆电对的两种状态同时存在时，这么小的电压才足以让它在指示电极上发生反应。可利用试液中可逆电对突然出现或消失引起检流计电流的突然变化或停止变化来指示氧化还原反应的滴定点。常见的可逆电对有 I^-/I_2、Br^-/Br_2、$Ce(\text{IV})/Ce(\text{III})$ 和 $Fe(\text{III})/Fe(\text{II})$ 等。

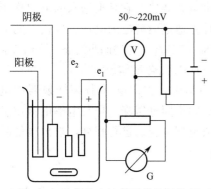

图 8.5　永停终点法指示终点的装置

库仑滴定法的优点是不需要基准物质，测定的准确度高，灵敏度高，易实现自动化。缺点是选择性不够好，不能用于成分复杂试样的分析。

库仑滴定法可用于酸碱滴定、氧化还原滴定、沉淀滴定、络合滴定及一些有机物的库仑滴定，因此具有很广泛的用途。

8.2　HDK-1 型恒电流库仑仪

8.2.1　工作原理

HDK-1 型恒电流库仑仪的工作原理如图 8.6 所示，它由以下几部分组成。

（1）稳压电源　将 220V 交流电变成直流电提供给仪器各部分使用。

（2）可调式恒电流源　提供电解电生滴定剂的恒电流（电解电流）。

（3）可调式恒压源　提供施加在永停终点法指示系统中指示电极上的恒电压（极化电压）。

（4）终点指示　指示终点电流突变的装置。

HDK-1 型恒电流库仑仪面板和各旋钮、按键名称如图 8.7 所示。

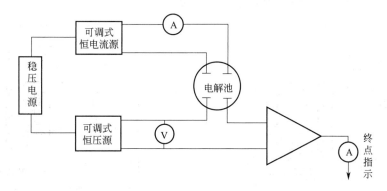

图 8.6　HDK-1 型恒电流库仑仪工作原理方框图

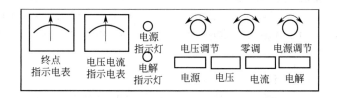

(a) 仪器面板图

(b) 仪器后盖面板

图 8.7　HDK-1 型恒电流库仑仪面板图

8.2.2　确定终点的操作

（1）永停终点法确定终点的操作　永停终点法确定终点的库仑滴定装置如图 8.8 所示。

① 将配好的试液倒入库仑池中，按图 8.8 所示将仪器上电压输出正、负极与两支铂指示电极相连接；电流输出正、负极与电解池的阳、阴电极相连接。

② 接通电源，按下"电压"按键，调节"电压调节"旋钮的电压表，显示所需的电压值。

③ 按下"电流"按键，调节"电流调节"旋钮使电流表上显示所需的电流值（尽可能调准确）。

④ 调节"零调"旋钮使终点指示电表显示为零。

⑤ 开启搅拌器，搅拌电解液，在按下"电解"按键的同时用秒表计时，这时"电解"指示灯亮，说明电解池已通过恒定的电流。

⑥ 认真观察终点指示电表，当电表指示终点到达（如电表指针向着一个方向突然偏转）时，快速按下"电流"按键，停止电解，同时记下电解的时间。

⑦ 由法拉第电解定律计算出被测物质的含量。

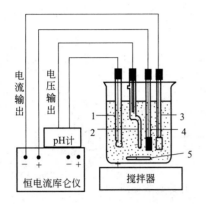

图 8.8 永停终点法指示终点实验装置示意图

1—玻璃电极（指示电极）；2—饱和甘汞电极（参比电极）；

3—铂丝电极（工作电极）；4—银-氯化银电极（辅助电极）；

5—搅拌磁转子

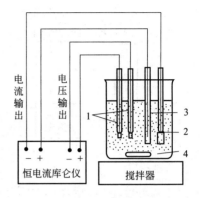

图 8.9 pH 指示终点实验装置示意图

1—铂指示电极对；2—铂片电极（工作电极）；

3—铂丝电极（辅助电极）；4—搅拌磁转子

（2）电位法确定终点操作

① 将配好试液倒入库仑池中，按图 8.9 所示将仪器的电流输出正、负极与电解池的阳、阴极相连接，将指示电极与电位计（包括 pH 计）连接好。

② 接通电源，按下"电流"按键，调节"电流调节"旋钮，使电流表指示预定值（尽量调准确）。

③ 开启搅拌器，搅拌电解液，按下"电解"按键的同时用秒表计时，这时电解指示灯亮说明电解池已通过恒定的电流。

④ 当电位计（或 pH 计）显示到达滴定终点的电位值（或 pH 值）时，立即按下"电流"按键，停止电解，并同时记下电解时间。

⑤ 由法拉第电解定律计算出被测物质的含量。

8.3 实验部分

实验三十 库仑滴定法测定维生素 C 含量

【实验目的】

1. 测定药片中维生素 C 的含量。

2. 掌握 KLT-1 型库仑滴定仪的使用方法。

3. 巩固库仑滴定法的基本原理

【实验原理】

酸性溶液中 I^- 或 Br^- 可以产生电极反应，生成 I_2 或 Br_2，可以定量地与溶液中的维生素 C（V_C）产生化学反应。当溶液中的维生素 C 反应完全后，即刻停止电解。记录电解过程中所消耗的电量，由它可求出被测物质的量或含量。反应式为：

$$2I^-（或 2Br^-）- 2e^- \rightleftharpoons I_2（或 Br_2）电极反应$$

或

$$V_C + I_2(\text{或 } Br_2) \Longrightarrow V_C' + 2I^-(\text{或 } Br^-) + 2H^+ \quad \text{化学反应}$$

式中，V_C 为维生素 C，结构式为：

OH OH
C=C OH
| | |
C CH—CH—CH$_2$OH
|| |
O O

V_C' 为 V_C 的氧化产物，结构式为：

O O
|| ||
C—C OH
| | |
C CH—CH—CH$_2$OH
|| |
O O

计算公式为：

$$Q = nF \frac{m}{M}$$

$$\text{或 } m = \frac{MQ}{nF}$$

式中，m、M、n 分别为被测物的质量、摩尔质量和氧化还原反应电子转移数（维生素 C 的 M 为 176.1，$n=2$）；Q 为滴定过程中所消耗的电量；F 为法拉第常数。所以测得 Q 后，就可计算出 m。

【仪器和试剂】

1. 通用库仑仪，电解池，磁力搅拌器，分析天平，研钵，烧杯，容量瓶。

2. KI(2mol/L) 或 KBr(2mol/L)，NaCl (0.1mol/L)，HCl(0.1mol/L)，蒸馏水。

【实验步骤】

1. 试液的配制：取片状维生素 C 5 片，用研钵研碎，准确称取 0.1000g 粉状物，置于烧杯中，用 5mL 0.1mol/L HCl 提取，转入 50.0mL 容量瓶中，以 0.1mol/L NaCl 洗烧杯，并定容。振荡 5min 后，放置澄清备用。

2. 取 2.5mL 2mol/L KI（或 KBr）及 5mL 0.1mol/L HCl，用水稀释至 50mL，摇匀后放入库仑池，并取一部分注入砂芯隔离的铂丝对电极池内，使液面高于库仑池内的液面。

3. 按说明书检查仪器各按键是否处在初始状态（释放状态）。然后打开电源预热 25～30min，连接电解线路正端分别到库仑池双铂电极工作电极和指示电极上，负端分别接到铂丝对电极和参比电极上。

4. 选用电流上升法指示终点。按下"电流""上升"键。调节指示电极电压到 150mV 左右。选用电解电流为 5mL。

5. 滴入数滴维生素 C 试液到库仑池中。启动电磁搅拌器，按下启动键、电解开关和工作开关（指示灯灭）。到滴定终点时自动停止电解（指示灯亮）。弹开启动键，消除显示数值。

6. 准确移取 0.5mL 澄清试液，搅拌均匀。在搅拌下，重新按下启动键和电解开关。自动停止电解时，记录显示器上毫库仑电量。

7. 重复测定一次。

8. 实验完毕后，把仪器复原，关闭电源，洗净库仑池。

【数据处理】

由实验测得电量数计算出维生素 C(V_C) 质量

$$m_{测} = \frac{MQ}{nF} = 9.12 \times 10^{-4} Q$$

上述条件 $M = 176.1\text{g/mol}$，$n = 2$。

当测得电量单位用 mC 时，$m_{测}$ 单位为 mg。

$$w(V_C) = \frac{m_{测} \times \dfrac{50\text{mL}}{0.5\text{mL}}}{m_{样}} \times 100\%$$

式中，$m_{测}$、$m_{样}$ 质量单位要一致。

【注意事项】

1. 维生素 C 在水溶液中易被溶解氧化，但在酸性 NaCl 液中较稳定，放置 8h 偏差 $0.5\% \sim 0.6\%$。若所用的蒸馏水预先除氧，效果更好。

2. 扣除滴定误差。本法采用两次终点以抵消滴定误差。

3. 严格按说明书使用仪器，接线正、负端不要接错。

4. 电解电流不宜过大，电解时溶液必须搅拌。

5. 溶液使用一次为宜，多次反复加入试验，会产生较大偏差。

【思考题】

搅拌速度不均匀会对结果产生什么影响？

第 9 章 伏安法和极谱法

9.1 基本原理

伏安法和极谱法是一种特殊的电解方法。以小面积、易极化的电极为工作电极，以大面积、不易极化的电极为参比电极组成电解池，电解被分析物质的稀溶液，由所测得的电流-电压特性曲线来进行定性和定量分析的方法。以滴汞电极为工作电极时的伏安法称为极谱法（见图 9.1），它是伏安法的特例。

9.1.1 基本装置和电路

极谱分析法通常采用饱和甘汞电极为参比电极，以滴汞电极为工作电极，汞滴的滴落周期为 3～5s。两者组成电极对，溶液保持静止，在 $-2\sim0V$ 的范围内，以 $100\sim200mV/min$ 的速率连续改变加于两电极间的电位差。记录得到的电流-电压曲线，即得极谱图。

9.1.2 极谱图

通过连续改变加在工作电极和参比电极上的电压 E，并记录电流 i 的变化，绘制 i-E 曲线。如图 9.2 所示。例如：当以 $100\sim200mV/min$ 的速度对盛有 $0.5mol/L\ CdCl_2$ 溶液施加电压时，记录电压 E 对电流 i 的变化曲线。

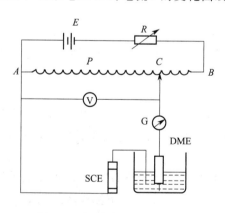

图 9.1　极谱分析法基本装置

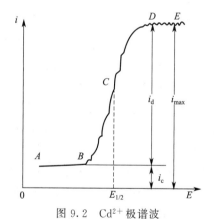

图 9.2　Cd^{2+} 极谱波

图 9.2 中，AB 段：未达分解电压，随外加电压的增加，只有微小电流通过电解池即，残余电流。

BD 段：外加电压继续增加，达到 Cd^{2+} 的分解电压，电流上升。电流的大小受到 Cd^{2+} 的扩散速度的影响，这样的电解电流称为扩散电流。

滴汞阴极：
$$Cd^{2+}+2e^-+Hg \rightleftharpoons Cd(Hg)$$

甘汞阳极：
$$2Hg+2Cl^- \rightleftharpoons Hg_2Cl_2+2e^-$$

滴汞电极的电极电位为：$E_{DME} = E^{\ominus}_{Cd^{2+}/Cd} - \dfrac{RT}{nF}\ln\dfrac{c_{Cd(Hg)}}{c_s}$

扩散电流为：$\qquad\qquad\qquad\qquad i = K_s(c - c_s)$

式中，c 为镉溶液的浓度；$c_{Cd(Hg)}$ 为镉在汞齐中的浓度；c_s 为镉在滴汞表面的浓度。

DE 段：外加电压继续增加，c_s 趋近于 0，$c - c_s$ 趋近于 c，这时电流的大小完全受 c 来控制，此电流为极限扩散电流 i_d，即：

$$i_d = K_s c$$

这就是极谱分析法定量分析的基础。

C 点：在极谱图上，半峰高处或电流为极限扩散电流一半时的电位，称为半波电位，用 $E_{1/2}$ 表示，常用的极谱半波电位见附录二。对于可逆波，物质的半波电位随物质的性质与状态不同而不同，因此，半波电位可以作为极谱分析法定性分析的基础。

9.1.3 极谱定量分析

9.1.3.1 扩散电流方程

1934 年捷克极谱工作者尤考维奇从理论上推导出在滴汞电极上的极限扩散电流的近似公式：

$$i_d = 708 n D^{1/2} q_m^{2/3} \tau^{1/6} c$$

式中，i_d 为最大极限扩散电流，μA；n 为电极反应转移的电子数；D 为待测组分测定形式的扩散系数；q_m 为汞滴质量流量，mg/s；τ 为汞滴寿命，s；c 为待测物质的浓度，$mmol/L$。

由于电流随汞滴滴落起伏很大，仪器难以跟踪测量，所以在进行极谱分析时，常需要测量整个汞滴时间内的平均扩散电流 $\bar{i}_d$，并根据其与待测浓度的关系进行定量分析。平均扩散电流为：

$$\bar{i}_d = 607 n D^{1/2} q_m^{2/3} \tau^{1/6} c$$

在待测溶液组成和测量条件一定的情况下，式中 n、D、q_m、τ 为一定值，这表明平均扩散电流与待分析物质的浓度成正比。

9.1.3.2 极谱定量分析方法

（1）标准曲线法　配制一系列含不同浓度的被测离子的标准溶液，在相同的实验条件下绘制极谱波；以波高对浓度作图，得一通过原点的校准曲线。在上述条件下测定未知液的波高，从校准曲线上查得试液的浓度。

（2）标准加入法　先测得试液体积为 V_x 的被测物质的极谱波的波高 h；再在电解池中加入浓度为 c_s、体积为 V_s 的被测物的标准溶液；在同样的实验条件下测得波高 H，则可求得待测物的浓度为：

$$c_x = \frac{c_s V_s h}{H(V_x + V_s) - h V_x}$$

9.1.4 极谱与伏安分析方法

9.1.4.1 单扫描极谱法

单扫描极谱法是在经典的直流极谱法中，在一个汞滴生长的后期，将一个线性变化的锯形脉冲电压施加在两电极上，电压扫描速率比直流极谱法快约 50 倍以上，从而在一个汞滴上获得一个由示波器记录的完整极谱波，根据此极谱波进行分析的方法称为单扫描极谱法。

9.1.4.2　循环伏安法

以一个等腰三角形脉冲电压代替单扫描极谱法的锯齿形脉冲电压施加于电解池的两电极上，根据所获得的电流响应与电位信号的关系进行分析的方法称为循环伏安法。

9.1.4.3　脉冲极谱法

脉冲极谱法指在一个缓慢变化的直流电压上，在滴汞电极的每一滴汞生长的后期，汞滴的面积基本恒定时，叠加一个小振幅的周期性的脉冲电压，并在脉冲电压的末期测量电解电流，记录一个特定时间范围的脉冲电解电流与电位的关系曲线进行分析的方法。

9.1.4.4　溶出伏安法

溶出伏安法是一种将电解富集与电解溶出两个过程相结合的电化学测定技术。首先是电解富集，它是将工作电极固定在极限电位上进行电解，使待测物质沉积在电极上，然后反相扫描电极电位，使已沉积的物质电解溶出，记录溶出过程的电流-电压曲线，即得溶出伏安曲线。溶出伏安法主要包括阳极溶出伏安法和阴极溶出伏安法。

9.2　极谱仪

9.2.1　CHI600A 电化学分析仪

CHI600A 系列电化学工作分析仪为通用化学测量系统。它集成了几乎所有经常使用的电化学测量技术，仪器外部由计算机控制，仪器软件有很强的功能。

9.2.1.1　仪器的初步测试

打开计算机和仪器电源开关，在软件的 Setup 菜单上找到 System 命令，执行此命令会显示 "System Setup" 的对话框，通讯口的设置应对应于计算机控制仪器的一个串行口（Com1 或 Com2）。如果操作中出现 "link Failed" 的警告，有可能是由于串行设置错误，同样在这个菜单中执行 Hardware Test 的命令，如果出现 "link Failed" 则为电源可能没有打开，通讯电缆没有接好，或者是通讯口的设置不正确。解决的最好方法是用标准电阻进一步测试。方法如下：

找一个 $100k\Omega$（1%精度）的电阻，将红色夹头和白色夹头同时夹在电阻的一端，绿色夹头夹在另一端，此电阻构成模拟电解池。在 Setup 菜单中执行 Technique 的命令，选择 Cyclic Voltammetry。在 Setup 菜单中再执行 Parameters 的命令，将 Init E 和 High E 都设在 $0.5V$，Low E 设在 $-0.5V$，Sensitivity 设在 $1.0^{-6}A/V$。完成参数设定后，在 Control 菜单中执行 Run 命令，实验结果为一条直线，每点电位处的电流值都应等于电位与电阻的比值。

9.2.1.2　实验操作

将电极夹头夹到电解池的对应电极上，在设定实验技术和参数后，在 Control 菜单中执行 Run 便可进行实验，实验结束后可执行 Graphics 菜单中的 Present Data Plot 命令进行数据显示。这时参数和结果（例如峰高、峰电位和峰面积）都会在图的右边显示出来，可做各种显示和数据处理。要存储实验数据，可执行 File 菜单中的 Save As 命令。文件总是以二进制的格式储存，用户需要输入文件名，但不必加 ＊.bin 的文件 。

一般情况下，每次实验结束后电解池与恒电位仪会自动断开。做流动电解池检测时，往往需要电解池与恒电位仪始终保持接通，以使电极两面的化学转化过程和双电层的充电过程结束而得到很低的背景电流。用户可用 Cell（电解池控制）命令设置 "Cell On between

Runs"。这样，实验结束后电解池将保持接通状态。

9.2.1.3 注意事项

仪器不宜时开时关，使用温度以 15～28℃ 为宜。电极夹头长时间使用造成脱落时，可自行焊接，但注意夹头不要和同轴电缆外面一层网状的屏蔽层短路。

9.2.2 JP-2 型示波极谱仪

JP-2 型示波极谱仪是 JP-1A 型示波极谱仪的换代型产品，它与 JP-1A 型仪器相比增加了二次导数极谱等功能。

仪器的操作步骤与各旋钮作用如下。

（1）打开电源开关，预热 30min，此时电极电缆插头与仪器相连接。

（2）将电极电缆插头插入电解池插座。把铂电极电缆插头插入辅助电极插孔，甘汞电极插入参比插孔。升高贮汞瓶，调节汞滴滴落时间 7s 一滴。

（3）选择"原点电位"值，极性开关转到"－"时，原点电位计数为负值；转到"＋"时为正值。

（4）电极开关从"双电极"转到"三电极"。

（5）测量开关在"阴极化"时测还原波；"阳极化"时测氧化波。

（6）调节"亮度"和"聚焦"旋钮，使光点的亮度和大小在 1mm 以下。

（7）调节"上下"和"左右"旋钮，把光点调在荧光屏左下方边界线上。

（8）调节"电流倍率"旋钮，使峰高大小适中，按顺时针方向旋转时电流倍率的灵敏度增高。

（9）导数开关在常规 I_p 为单扫描极谱峰高，在 I_p' 为一次导数，在 I_p'' 为二次导数。

（10）调节"电容补偿"旋钮，校准光点跳动；调节"斜率补偿"旋钮，校准基线平直。

9.3 实验部分

实验三十一 阳极溶出伏安法测定水中微量镉

【实验目的】

1. 了解阳极溶出伏安法的基本原理。
2. 掌握银基汞膜电极的制备方法。
3. 学习阳极溶出伏安法测定镉的实验技术。

【实验原理】

溶出伏安法是一种灵敏度高的电化学分析方法，一般可达 $10^{-9}\sim10^{-8}$ mol/L，有时可达 10^{-12} mol/L，因此在痕量成分分析中相当重要。

溶出伏安法的操作分两步。第一步是预电解过程，第二步是溶出过程。预电解是在恒电位和溶液搅拌的条件下进行，其目的是富集痕量组分。富集后，让溶液静置 30s 或 1min，再用各种极谱分析方法（如单扫描极谱法）溶出。

阳极溶出伏安法，通常用小体积悬汞电极或汞膜电极作为工作电极，使能生成汞齐的被测金属离子电解还原，富集在电极汞中，然后将电压从负电位扫描到较正的电位，使汞齐中的金属重新氧化溶出，产生比富集时的还原电流大得多的氧化峰电流。

98

本实验采用银基汞膜电极为工作电极，由于电极面积大而体积小，有利于富集。先在 $-1.0V$ 电解富集镉，然后使电极电位由 $-1.0V$ 线性地扫描至 $-0.2V$，当电位达到镉的氧化电位时，镉氧化溶出，产生氧化电流，电流迅速增加。当电位继续正移时，由于富集在电极上的镉已大部分溶出，汞齐浓度迅速降低，电流减小，因此得到尖峰形的溶出曲线。

此峰电流与溶液中金属离子的浓度、电解富集时间、富集时的搅拌速度、电极的面积和扫描速度等因素有关。当其他条件一定时，峰电流 i_p 只与溶液中金属离子的浓度 c 成正比：

$$i_p = Kc$$

用标准曲线法或标准加入法均可进行定量测定。标准加入法的计算公式为：

$$c_x = \frac{c_s V_s h}{H(V_x + V_s) - h V_x}$$

式中，c_x、V_x、h 分别为试液中被测组分的浓度、试液的体积和溶出峰的峰高；c_s、V_s 分别为加入标准溶液的浓度和体积；H 为试液中加入标准溶液后溶出峰的总高度。

由于这里加入标准溶液的体积相对于试样的体积，非常小，可以忽略不计。所以公式可以简化为：

$$c_x = \frac{c_s V_s h}{(H - h)V_x}$$

【仪器和试剂】

1. 电化学工作站配套三电极体系：银基汞膜电极为工作电极，饱和甘汞电极作参比电极，铂电极作辅助电极，电磁搅拌器，电解池或 100mL 烧杯，移液管。

2. Cd^{2+} 标准溶液（1.000×10^{-4} mol/L）：准确称取 $CdCl_2 \cdot 2.5H_2O$ 0.2284g，用蒸馏水溶解后移入 1000mL 容量瓶中，稀释至刻度，摇匀。

3. KCl 溶液（0.25mol/L）。

4. $NH_3 \cdot H_2O$-NH_4Cl 缓冲溶液（0.1mol/L）。

5. Na_2SO_3 溶液（10%，新鲜配制）。

6. 含镉水样。

【实验步骤】

1. 制备银基汞膜电极：用湿滤纸沾少许去污粉擦净银棒表面，用水洗净后，浸入 1:1 HNO_3 中至表面刚刚变为均匀的银白色，立即用水冲洗，滤纸吸干，迅速浸入纯汞中 1~3s。取出，让汞依靠自身的重力布满银棒，即得银基汞膜电极，浸入蒸馏水中备用。

2. 打开电化学工作站，并输入以下实验参数：清洗电位 $-0.2V$，清洗时间 60s。起始电位 $-1.00V$，终止电位 $-0.2V$，富集电位 $-1.00V$，搅拌富集时间 60s，静止时间 30s，电位扫描速率为 90mV/s。

3. 取 25mL 水样于烧杯中，加入 3mL $NH_3 \cdot H_2O$-NH_4Cl 缓冲溶液和 2mL 10% 的 Na_2SO_3 溶液。将三支电极浸入溶液中，在清洗和富集阶段，启动搅拌器在上述测定条件下记录溶出伏安曲线。如此重复测定三次，记录三次溶出伏安曲线。于烧杯中加入 0.50mL 1.000×10^{-4} mol/L Cd^{2+} 标准溶液，同样进行三次测定。

4. 测量完毕，将电极在 $-0.2V$ 处搅拌清洗 60s，取下用水冲洗干净。

【数据处理】

1. 列表记录所测定的实验结果。

2. 取两次测定的平均峰高，根据公式计算水样中 Cd^{2+} 的浓度。

【注意事项】

1. 汞膜电极应保存在弱碱性的蒸馏水中或插入纯汞中，不宜暴露在空气中。

2. 如发现电极表面不光亮，可重新沾汞，但新沾汞的电极灵敏度较高不太稳定，一般测定三次以后就稳定了。

3. 整个实验过程应保持所有测定条件固定不变。

【思考题】

1. 为什么溶出伏安法是一种灵敏度高的电化学分析方法？

2. 为了提高实验结果的准确度，哪几步实验步骤应该严格控制？

实验三十二　循环伏安法测定亚铁氰化钾的电极反应过程

【实验目的】

1. 学习固体电极表面的处理方法。

2. 掌握循环伏安法的基本原理及方法。

3. 了解扫描速率和浓度对循环伏安图的影响。

【实验原理】

循环伏安法是最重要的电分析化学研究方法之一。循环伏安法通常采用三电极系统，一支工作电极（与被研究物质起反应的电极）、一支参比电极和一支辅助电极。外加电压加在工作电极与辅助电极之间，反应电流通过工作电极和辅助电极，记录工作电极上得到的电流与施加电压的关系曲线。循环伏安法施加电压的方式如图9.3所示，因此这种方法也常称为三角波线性电位扫描方法。

对于可逆电极过程（电荷交换速率很快，反应是由扩散控制的过程），如在一定条件下的 $[Fe(CN)_6]^{3-}/[Fe(CN)_6]^{4-}$ 氧化还原体系，电极反应为：

$$[Fe(CN)_6]^{3-} + e^- \rightleftharpoons [Fe(CN)_6]^{4-} \quad \varphi^{\ominus} = 0.36V(vs. NHE)$$

在正向扫描（电位变负）时，$[Fe(CN)_6]^{3-}$ 在电极上还原，得到一个还原电流峰。在反向扫描（电位变正）时，产生的 $[Fe(CN)_6]^{4-}$ 在电极上氧化，得到一个氧化电流峰。所以电压完成一次循环扫描，将记录出一个如图9.4所示的氧化还原曲线。循环伏安法能迅速提供电活性物质电极反应过程的可逆性、化学反应历程、电极表面吸附等许多信息。

在循环伏安法中，阳极峰电流 i_{pa}、阴极峰电流 i_{pc}、阳极峰电势 E_{pa}、阴极峰电势 E_{pc} 以及 i_{pa}/i_{pc}、$\Delta E(E_{pa}-E_{pc})$ 是最重要的参数。

正向扫描的峰电流 i_p 为：

$$i_p = 2.69 \times 10^5 n^{3/2} A D^{1/2} v^{1/2} c$$

式中，i_p 为峰电流，A；n 为电子转移数；A 为电极面积，cm^2；D 为扩散系数，cm^2/s；v 为扫描速率，V/s；c 为浓度，mol/L。

从 i_p 的表达式看：i_p 与 $v^{1/2}$ 和 c 都呈线性关系，这对研究电极过程具有重要意义。标准电极电势为：$E^{\ominus} = (E_{pa} + E_{pc})/2$。所以对可逆过程，循环伏安法是一个方便的测量标准电极电势的方法。

【仪器和试剂】

1. 电化学工作站配套三电极系统：金（铂）盘电极为工作电极、Ag/AgCl 电极作参比电极、铂丝电极作辅助电极，电解池或 100mL 烧杯，50mL 容量瓶，移液管。

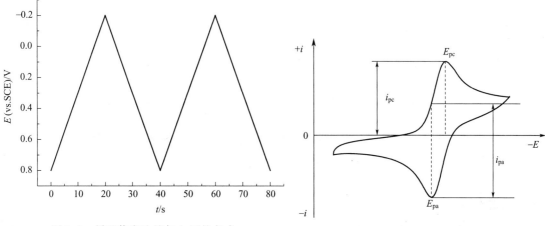

图 9.3　循环伏安法施加电压的方式　　　　图 9.4　循环伏安法测得的氧化还原曲线

2. 铁氰化钾标准溶液（2.000×10^{-2} mol/L）。

3. 硝酸钾溶液（1.0 mol/L）。

【实验步骤】

1. 工作电极预处理

金（铂）盘电极用 Al_2O_3 粉末将电极表面抛光，然后用蒸馏水清洗。

2. 溶液的配制

分别准确移取 0.00mL、0.50mL、1.00mL、2.00mL 和 3.00mL 2.0×10^{-2} mol/L 的铁氰化钾标准溶液于 5 个 50mL 容量瓶中，再各加入 1.0mol/L 的硝酸钾溶液 10mL，加蒸馏水稀释至刻度，摇匀。

3. 循环伏安法的测量

（1）连好电路。

（2）打开 CHI 电化学工作站，选择循环伏安法。

（3）设置实验参数：初始电位为 +0.8V，终止电位为 -0.2V，扫描速率按实验要求选择。

（4）将配制的系列铁氰化钾溶液逐一转移至电解池（50mL 烧杯）中，插入冲洗干净的金（铂）电极（工作电极）、铂丝电极（辅助电极）及 Ag/AgCl 电极（参比电极），夹好电极夹，以 50mV/s 的扫描速率记录循环伏安图并存盘。

（5）采用 0.004mol/L 的铁氰化钾溶液，分别记录扫描速率为 100mV/s、150mV/s、200mV/s、250mV/s、300mV/s、350mV/s 的循环伏安图并存盘。

【数据处理】

1. 从 $K_4[Fe(CN)_6]$ 溶液的循环伏安图，测量 i_{pa}、i_{pc}、E_{pa}、E_{pc} 和 ΔE_p 的值。

2. 分别以 i_{pa}、i_{pc} 对 $K_4[Fe(CN)_6]$ 溶液的浓度 c 作图，说明峰电流与浓度的关系。

3. 分别以 i_{pa}、i_{pc} 对 $v^{1/2}$ 作图，说明峰电流与扫描速率间的关系。

4. 计算 i_{pa}/i_{pc}、$E^{\ominus\prime}$ 和 ΔE 的值，说明 $K_4[Fe(CN)_6]$ 在硝酸钾溶液中电极过程的可逆性。

【注意事项】

1. 实验前电极表面要处理干净。

2. 实验前溶液要通 N_2 除溶液中的 O_2。

3. 扫描过程保持溶液静止。

【思考题】

1. 铁氰化钾浓度与峰电流 i_p 是什么关系？而峰电流（i_p）与扫描速率（v）又是什么关系？

2. 峰电位（E_p）与半波电位（$E_{1/2}$）、半峰电位（$E_{p/2}$）相互之间是什么关系？

实验三十三　羧基化碳纳米管修饰电极方波伏安法测定大米中微量镉

【实验目的】

1. 了解方波伏安法的基本原理。

2. 掌握玻碳电极的预处理方法及羧基化碳纳米管修饰电极的制备方法。

3. 学习使用方波伏安法检测镉。

【实验原理】

碳纳米管是一种具有优异的物理/化学性质的碳材料。羧基化的多壁碳纳米管上的羧基能起到富集重金属离子的作用。本实验采用羧基化的多壁碳纳米管修饰玻碳电极取代有毒的汞基修饰电极，基于阳极溶出伏安法原理利用方波伏安法检测大米中的微量镉。

【仪器和试剂】

电化学工作站 CHI760E，玻碳电极（GCE），饱和甘汞电极，铂对电极，磁力搅拌器，超声波清洗器，移液器，玻璃棒，烧杯，容量瓶，滴瓶，洗耳球，羧基化多壁碳纳米管，含镉的大米样品（教师自制：研磨、超声辅助消解、离心，取上清液用醋酸缓冲液稀释备用），醋酸镉，0.2mol/L 高氯酸，0.1mol/L HAc-NaAc（pH 4.5），10mmol/L 醋酸镉标准储备溶液，二次蒸馏水。

【实验步骤】

1. GCE 电极预处理

将 GCE 电极用 $1.0\mu m$ 和 $0.05\mu m$ 的氧化铝粉末依次打磨，以除去可能的污染物，然后分别在水和乙醇中超声 2min。最后在 0.2mol/L $HClO_4$ 中，于 $-0.2\sim1.0V$ 进行循环伏安扫描，直到出现可重现的循环伏安曲线。将电极用超纯水洗涤，洗耳球吹干备用。

2. 修饰电极的制备及镉检测

将 1mg/mL 羧基化多壁碳纳米管水溶液进行超声分散，取 $5\mu L$ 滴于处理好的玻碳电极上，在红外灯下烤干。然后在 20mL 0.1mol/L HAc-NaAc 中加入不同浓度的醋酸镉标准溶液（用移液器取标准储备液 $5.00\mu L$、$10.0\mu L$、$20.0\mu L$、$50.0\mu L$、$100\mu L$），如图 9.5 所示设置好测试参数，在 $-1.0\sim0.3V$ 电位范围采用方波伏安法分别对不同浓度的镉进行测试，$-1.0V$ 下对镉搅拌富集时间为 290s，静置时间为 10s。最后采用同样的方法取大米样品 20mL 进行测试。

3. 实验结束后按照步骤 1 清洗电极，按规定关闭仪器及电源，整理试剂及仪器。

【数据处理】

1. 根据实验结果，使用作图软件 Sigmaplot 或 Origin 做出检测镉的工作曲线。

2. 根据镉工作曲线求出大米样品中镉的含量。

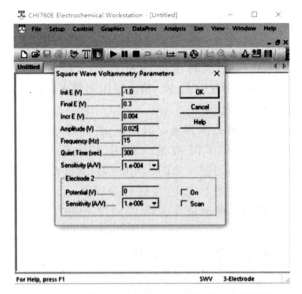

图 9.5　方波伏安法测定大米中微量镉参数设置

【注意事项】

1. 修饰的碳纳米管必须干燥好才能测试，否则易脱落。而碳纳米管脱落的电极需要重新进行超声处理（不需要重新打磨）后，重新按照实验步骤进行修饰才能继续进行测试。

2. 整个实验过程应保持所有测试条件固定不变。

【思考题】

1. 试分析羧基化碳纳米管富集和检测重金属的原理。

2. 试设计阳极溶出伏安实验快速检测农田土壤或水稻中镉的含量。

实验三十四　氧化石墨烯修饰电极差分脉冲伏安法测定多巴胺注射液中多巴胺

【实验目的】

1. 了解差分脉冲伏安法的基本原理。

2. 掌握玻碳电极的预处理方法及氧化石墨烯修饰电极的制备方法。

3. 学习使用差分脉冲伏安法检测多巴胺。

【实验原理】

石墨烯是一种具有优异的物理/化学性质的新型碳材料。氧化石墨烯是富含羧基和羟基等含氧基团的石墨烯，其在中性条件下带负电，能通过静电作用富集带正电的检测对象。本实验采用氧化石墨烯修饰电极差分脉冲伏安法检测多巴胺注射液中的多巴胺。

【仪器和试剂】

电化学工作站 CHI760E，玻碳电极（GCE），饱和甘汞电极，铂对电极，磁力搅拌器，超声波清洗器，移液器，玻璃棒，烧杯，容量瓶，滴瓶，洗耳球，氧化石墨烯，10mmol/L 多巴胺储备液，多巴胺注射液（用 PBS 稀释 100 倍备用），0.2mol/L 高氯酸，0.1mol/L PBS（pH 7.2），二次蒸馏水。

【实验步骤】

1. GCE 电极预处理

将 GCE 电极用 $1.0\mu m$ 和 $0.05\mu m$ 的氧化铝粉末依次打磨，以除去可能的污染物，然后分别在水和乙醇中超声 2min。最后将其在 0.2mol/L $HClO_4$ 中，于 $-0.2\sim1.0V$ 进行循环伏安扫描，直到出现可重现的循环伏安曲线。将电极用超纯水洗涤，氮气吹干备用。

2. 修饰电极的制备及多巴胺检测

超声分散 1.00mg/mL 石墨烯乙醇溶液，取 $10.0\mu L$ 滴于处理好的 GCE 电极上，然后在 20.0mL 0.10mol/L PBS 中加入不同浓度（用移液器取 $2.00\mu L$、$5.00\mu L$、$8.00\mu L$、$10.0\mu L$、$20.0\mu L$ 储备溶液）的多巴胺，如图 9.6 所示设置好测试参数，在 $-0.1\sim0.4V$ 电位范围采用差分脉冲法对不同浓度的多巴胺进行测试，$-0.1V$ 下对镉搅拌富集时间为 290s，静置时间为 10s。采用同样的测量方法对 20mL 多巴胺注射液的稀释液进行测试。

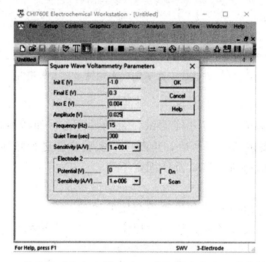

图 9.6 差分脉冲伏安法测定多巴胺注射液中多巴胺参数设置

3. 实验结束后按照步骤 1 清洗电极，按规定关闭仪器及电源，整理试剂及仪器。

【数据处理】

1. 根据实验结果，使用作图软件 Sigmaplot 或 Origin 作出多巴胺标准曲线。

2. 根据工作曲线计算出多巴胺注射液中多巴胺的含量。

【注意事项】

1. 修饰的碳纳米管必须干燥后才能测试，否则易脱落。而碳纳米管脱落的电极需要进行超声处理（不需要重新打磨）后，重新按照实验步骤进行修饰才能继续测试。

2. 整个实验过程应保持所有测定条件固定不变。

【思考题】

1. 试分析氧化石墨烯富集和检测多巴胺的原理。

2. 试设计差分脉冲伏安实验快速检测片剂型多巴胺中多巴胺的含量。

第 10 章　气相色谱法

10.1　基本原理

　　气相色谱法是英国生物化学家 Martin 等人于 1952 年创立的一种极为有效的分离方法，可以分离、分析复杂的多组分混合物。由于高效能的色谱柱、高灵敏的检测器以及计算机处理技术的使用，使其在石油化工、食品工业、生物技术、医药卫生、农副产品、环境保护等领域得到了广泛应用。

　　气相色谱法是一种以气体为流动相的柱色谱法，根据所用固定相状态的不同可分为气-固色谱（GSC）和气-液色谱（GLC）。气-固色谱法以表面积大且具有一定活性的吸附剂为固定相。当多组分的混合物样品进入色谱柱后，由于吸附剂对每个组分的吸附力不同，经过一定时间后，各组分在色谱柱中的运行速度也就不同。吸附力弱的组分容易被解吸下来，最先离开色谱柱进入检测器，而吸附力最强的组分最不容易被解吸下来，因此最后离开色谱柱。所以，各组分得以在色谱柱中彼此分离，顺序进入检测器中被检测、记录下来。

　　气-液色谱中，以均匀地涂在载体表面的液膜为固定相，这种液膜对各种有机物都具有一定的溶解度。当样品被载气带入柱中到达固定相表面时，就会溶解在固定相中。当样品中含有多个组分时，由于它们在固定相中的溶解度不同，经过一段时间后，各组分在柱中的运行速度也就不同。溶解度小的组分先离开色谱柱，而溶解度大的组分后离开色谱柱。这样，各组分在色谱柱中彼此分离，然后顺序进入检测器中被检测、记录下来。

10.2　气相色谱仪

　　气相色谱仪型号和种类繁多，但均由以下五大系统组成：气路系统、进样系统、分离系统、温控系统和检测记录系统。组分能否分开，关键在于色谱柱；分离后组分能否鉴定出来

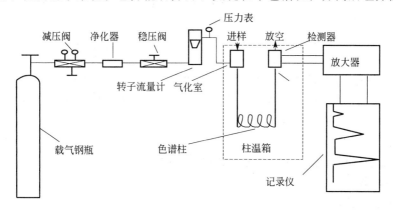

图 10.1　气相色谱流程示意图

则在于检测器，所以分离系统和检测系统是仪器的核心。图 10.1 为气相色谱仪的一般流程示意图。无论是气-固色谱还是气-液色谱，其色谱流程图是相同的。

载气由高压钢瓶中流出，经减压阀降压到所需压力后，通过净化干燥管（净化器）使载气纯化，再经稳压阀和转子流量计后，以稳定的压力、恒定的速度流经气化室与气化的样品混合，将样品气体带入色谱柱中进行分离。分离后的各组分随着载气先后流入检测器，然后放空。检测器将按物质的浓度或质量的变化转变为一定的电信号，经放大后在记录仪上记录下来，就得到色谱图。根据色谱图上得到的每个峰的保留时间，可以进行定性分析，根据峰面积或峰高的大小，可以进行定量分析。

双气路仪器，其色谱流程图稍有不同，载气经过稳压后分成两路，同时通过稳流阀、压力表、转子流量计、进样器、色谱柱和检测器，最后放空。双气路仪器可以补偿由于固定液流失和载气流量不稳定等因素造成的检测器噪声和基线漂移。

10.3　实验部分

实验三十五　气相色谱的定性和定量分析

【实验目的】

1. 了解气相色谱的结构，掌握基本使用方法。
2. 掌握归一化法的原理以及定量分析方法。

【实验原理】

定性分析：化合物在一定的色谱操作条件下，每种物质都有一确定的保留值，故可作为定性分析的依据；在相同的色谱条件下对已知样品和待测试样进行色谱分析，分别测量各组分峰的保留值，若某组分峰与已知样品相同，则可认为二者是同一物质，从而确定各个色谱峰代表的组分。

气相色谱定量分析是根据检测器对溶质产生的响应信号与溶质的量成正比的原理，通过色谱图上的峰面积或峰高，计算出样品中溶质的含量。本实验采用归一化法测定物质的含量，应用这种方法的前提条件是试样中各组分必须全部流出色谱柱，并在色谱图上都出现色谱峰。若试样中含有 n 个组分，且各组分均能洗出色谱峰，则其中某个组分 i 的质量分数为 w_i，可按照下式计算：

$$w_i = \frac{A_i f_i}{A_1 f_1 + A_2 f_2 + \cdots + A_n f_n} \times 100\%$$

式中，A_i 为组分 i 的峰面积；f_i 为组分 i 的相对定量校正因子。

归一化法的优点是简便、准确，定量结果与进样量无关，操作条件对结果影响较小，适合于对多组分试样中各组分含量的分析。

【仪器和试剂】

1. GC-122 型气相色谱仪（配有色谱数据工作站），FID 检测器。
2. 微量注射器：$1\mu L$，$5\mu L$。
3. 带磨口小试管若干。
4. 苯、甲苯标样（色谱纯）。

5. 苯和甲苯的混合试样。

【实验步骤】

1. 气相色谱仪的基本操作流程

（1）开启

a. 开启载气 N_2 钢瓶的阀门；

b. 将气体净化器打到"开"的位置；

c. 打开色谱仪的电源；

d. 打开色谱工作站。

（2）实验条件的设置 柱温 110℃，气化室温度 150℃，检测器温度 180℃；N_2 流速 45mL/min；H_2 流速 40mL/min；空气流速 450mL/min。

（3）待检测器 FID 温度达到时，开启 H_2 钢瓶的阀门及打开空气源的电源，点燃 FID。

（4）运行程序一次并用丙酮进样，以清洗色谱柱。

（5）进样，运行。

（6）结束时，再用丙酮进样清洗色谱柱，设置程序。当柱温 50℃，FID 温度 50℃时，先关闭氢气、空气源。等到温度降至该设置温度时，方可关闭色谱仪电源，最后关闭载气阀门。

2. 混合物的分析

（1）纯样液保留时间的测定 分别用微量注射器移取纯样液 $0.2\mu L$，依次进样分析，分别测定出各色谱峰的保留时间 t_R。

（2）混合物试液的分析 用微量注射器移取 $0.2\mu L$ 混合物试液进行分析，连续记录各组分色谱峰的保留时间，记录各色谱峰的峰面积。

【数据处理】

1. 将混合物试液各组分色谱峰的调整保留时间与标准样品进行对照，对各色谱峰所代表的组分作出定性判断。

2. 根据峰面积和校正因子，用归一化法计算混合物试液中各组分的质量分数。

【注意事项】

1. 进样时要求注射器垂直于进样口，左手扶着针头以防弯曲，右手拿着注射器，右手食指卡在注射器芯子和注射器管的交界处，这样可以避免当针进到气路中由于载气压力较高而把芯子顶出，影响正确进样。

2. 注射器取样时，应先用被测试液洗涤 5～6 次，然后缓慢抽取一定量试液，并不带有气泡。

3. 进样时，要求操作稳当、连贯、迅速，进针位置及速度，针尖停留和拔出速度都会影响进样重现性。

4. 要经常注意更换进样器上的硅橡胶密封垫片，防止漏气。

【思考题】

1. 色谱定量方法有哪几种，各有什么优缺点？

2. 色谱归一化法有何特点，使用该方法应具备什么条件？

实验三十六　气相色谱法测定食用酒中乙醇含量

【实验目的】

1. 了解气相色谱法的分离原理和特点。

2. 熟悉气相色谱仪的基本构造和一般使用方法。

3. 掌握内标法进行样品含量分析的方法。

【实验原理】

气相色谱法是一种高效、快速而灵敏的分离分析技术。当样品溶液由进样口注入后立即被气化，并被载气带入色谱柱，经过多次分配而得以分离的各个组分逐一流出色谱柱进入检测器，检测器把各组分的浓度信号转变成电信号后由记录仪或工作站软件记录下来，得到色谱图。利用色谱峰的保留值可以进行定性分析，利用峰面积或峰高可以进行定量分析。

内标法是一种常用的色谱定量分析方法，它是一种在一定量（m）的样品中加入一定量（m_{is}）的内标物，根据待测组分和内标物的峰面积及内标物质量计算待测组分质量（m_i）的方法。

被测组分的质量分数可用下式计算：

$$w_i = \frac{m_i}{m} = \frac{A_i f_i}{A_{is} f_{is}} \times \frac{m_{is}}{m}$$

式中　A_i——样品溶液中待测组分的峰面积；

　　　A_{is}——样品溶液中内标物的峰面积；

　　　m_{is}——样品溶液中内标物的质量；

　　　m——样品的质量；

　　　f_i——待测组分 i 相对于内标物的相对定量校正因子，由标准溶液根据下式计算。

$$f_i = \frac{f_i'}{f_{is}'} = \frac{m_i'}{A_i'} \times \frac{A_{is}'}{m_{is}'} = \frac{m_i' A_{is}'}{m_{is}' A_i'}$$

式中　A_i'——标准溶液中待测组分 i 的峰面积；

　　　A_{is}'——标准溶液中内标物的峰面积；

　　　m_{is}'——标准溶液中内标物的质量；

　　　m_i'——标准溶液中标准物质（i）的质量；

　　　f_i'——待测组分的定量校正因子；

　　　f_{is}'——标准物质的定量校正因子。

用内标法进行定量分析，必须选定内标物。内标物必须满足以下条件：①应是样品中不存在的稳定易得的纯物质；②内标峰应在各待测组分之间或与之相近；③能与样品互溶但无化学反应；④内标物浓度应恰当，其峰面积与待测组分相差不大。

【仪器和试剂】

1. 气相色谱仪带有氢火焰离子化检测器（FID）和色谱工作站，微量注射器。

2. 无水乙醇（分析纯），无水正丙醇，食用酒。

【实验步骤】

1. 色谱操作条件：柱温 140℃；气化室温度 160℃；检测器温度 140℃；N_2（载气）流速 40mL/min；H_2 流速 35mL/min；空气流速 400mL/min。

2. 标准溶液的配制：准确移取 0.50mL 无水乙醇和 0.50mL 正丙醇于 10mL 容量瓶中，用丙酮定容，摇匀。

3. 样品溶液的配制：准确移取 1.00mL 食用酒样品和 0.50mL 无水正丙醇于 10mL 容量瓶中，用丙酮定容，摇匀。

4. 待仪器基线稳定后，注入 $0.5\mu L$ 标准溶液至色谱仪内，记录标样色谱图，重复两次。

5. 注入 $0.5\mu L$ 样品溶液至色谱仪内，记录样品色谱图，重复两次。

【数据处理】

1. 确定样品色谱图中乙醇和正丙醇峰的位置。

2. 相对定量校正因子的计算：由标样色谱图计算以正丙醇为内标物的相对定量校正因子 f_i。

3. 样品含量的计算。

【注意事项】

1. 旋动气相色谱仪的旋钮或阀时要缓慢。

2. 色谱峰过大或过小，应利用"衰减"旋钮进行调整。

3. 点燃氢火焰时，应将氢气流量开大，以保证顺利点燃。点燃氢火焰后，再将氢气流量缓慢降至规定值。若氢气流量降得过快，会熄火。

4. 判断氢火焰是否点燃的方法：将冷金属物置于出口上方，若有水汽冷凝在金属表面，则表明氢火焰已点燃。

5. 用微量注射器进样时，必须注意排除气泡。抽液时应缓慢上提针芯，若有气泡，可将微量注射器针尖向上，使气泡上浮后推出。

【思考题】

1. 内标物的选择应符合哪些条件？用内标法进行定量分析有何优点？

2. 用该实验方法能否测定出食用酒样品中的水分含量？

实验三十七　气相色谱法测定生物柴油中脂肪酸甲酯含量

【实验目的】

1. 熟悉气相色谱仪的基本构造和一般使用方法。

2. 理解程序升温的优点，掌握程序升温控制程序的编制方法。

3. 掌握归一化法进行定量分析的原理和方法。

【实验原理】

程序升温是指色谱柱的温度按照适宜的程序连续地随时间呈线性或非线性升高。在程序升温中，采用较低的初始温度，使低沸点的组分得到良好分离，然后随着温度不断升高，沸点较高的组分逐一"推出"。由于高沸点组分较快地流出，因而峰形尖锐，与低沸点组分类似。

当样品中所有组分都能流出色谱柱，并能给出可以测定的信号时，可以采用归一化法进行定量分析（见实验三十五）。

部分脂肪酸甲酯在 FID 上的相对质量校正因子（基准物：十三酸甲酯）如下表所示。

化 合 物	f_i	化 合 物	f_i
棕榈酸甲酯	1.29	亚麻酸甲酯	1.94
油酸甲酯	1.17	花生一烯酸甲酯	1.52
亚油酸甲酯	1.32	芥酸甲酯	1.41

【仪器和试剂】

1. 6890 型气相色谱仪带有氢火焰离子化检测器（FID）和色谱工作站，HP-innowax 毛细管色谱柱（30m×0.25mm×0.25μm），微量注射器。

2. 生物柴油，正己烷。

【实验步骤】

1. 色谱操作条件：气化室温度 280℃；检测器温度 280℃；柱温采用程序升温：初始温度 170℃，保持 0.5min，以 5℃/min 的升温速率升至 200℃，然后以 15℃/min 的升温速率升至 240℃，保持时间 5min；载气为 N_2，柱头压 60kPa；氢气流速 32mL/min；空气流速 320mL/min；进样量 1μL。

2. 取一定量的生物柴油样品于 1mL 容量瓶中，用正己烷定容后，在上述色谱条件下进行气相色谱分析，记录下各色谱峰的保留时间和峰面积。

【数据处理】

根据脂肪酸甲酯在 FID 上的相对质量校正因子，计算各脂肪酸甲酯的百分含量。

【注意事项】

1. 点燃氢火焰时，应将氢气流量开大，以保证顺利点燃。点燃后，再将氢气流量缓慢降至规定值。

2. 用微量注射器进样时，必须注意排除气泡。抽液时应缓慢上提针芯。若有气泡，可将注射器针尖向上，使气泡上浮后推出。

3. 在一个温度程序执行完成后，需等待色谱仪回到初始状态并稳定后，才能进行下一次进样。

【思考题】

简述程序升温法的优缺点。

实验三十八　气相色谱法测定醇的同系物

【实验目的】

1. 熟悉气相色谱分析的原理及色谱工作站的使用方法。

2. 学会用保留时间定性，用归一化法定量，并用分辨率对实验数据进行评价。

【实验原理】

不同组分在同一分离色谱柱上，在相同实验条件下具有不同的保留行为，其保留时间的差异可以用来进行定性分析；每一组分的质量与相应色谱峰的积分面积成正比，据此可以进行定量分析。当试样中各组分都能流出色谱柱，并在色谱图上显示色谱峰时，可用归一化法测定各组分的质量分数（见实验三十五）。

本实验用气相色谱法测定甲醇、乙醇、丙醇、丁醇的混合试样，检测器用 FID。选用 TPA 改性聚乙二醇为固定相，分析效果好。要求用色谱软件进行谱图处理和定量计算，采用已知物对照定性，采用峰面积归一化法定量测定混合物中各组分的含量，计算各峰的分离度。

归一化法的优点是计算简便，定量结果与进样量无关，且操作条件不需严格控制。但此法缺点是不管试样中某组分是否需要测定，都必须全部分离流出，并获得可测的信号，而且其校正因子 f_i 也应为已知。

混合试样的成功分离是气相色谱法定量分析的前提和基础，衡量一对色谱峰分离的程度可用分离度 R：

$$R = \frac{t_{R1} - t_{R2}}{\dfrac{Y_1 + Y_2}{2}} = \frac{2\Delta t_R}{Y_1 + Y_2}$$

式中，t_{R1}、t_{R2} 和 Y_1、Y_2 分别指两组分的保留时间和峰底宽度，$R=1.5$ 时两组分完全分离，实际中 $R=1.0$（分离度 98%）即可满足要求。

【仪器和试剂】

1. 气相色谱仪，色谱柱，容量瓶，分析实验室常用玻璃仪器。

2. 甲醇、乙醇、丙醇、丁醇均为分析纯，蒸馏水。

【实验步骤】

1. 操作条件

柱温：初始温度 50℃，以 10℃/min 的速率升温至 120℃；气化室温度 200℃；检测室温度 250℃；进样量 0.2μL；载气（高纯氮）流速 25mL/min；氢气流速 40mL/min；空气流速 400mL/min。

2. 通载气、启动仪器、设定以上温度参数，在初始温度下，参考火焰离子化检测器的操作方法，点燃 FID，调节气体流量。待基线走直后进样并启动升温程序，记录每一组分的保留温度。程序升温结束后，待柱温降至初始温度后方可进行下一轮操作。

【数据处理】

定性：程序可通过对储存在"组分表"中纯物质的信息进行对比、分析，自动给出混合样中相应组分的名称，使色谱定性简单、准确。

定量：以峰面积归一化法对样品中各组分进行定量分析，计算各峰的分离度。

序号	名称	保留时间	峰底宽	峰面积	校正因子	含量	峰分离度
1	甲醇						
2	乙醇						
3	丙醇						
4	丁醇						

【注意事项】

1. 工作站各设备开、关次序要按照操作规程进行。

2. 注射器的正确使用方法为"小心插针、快速注入、匀速拔出、及时归位"。

3. 进样操作与注入要保持同步性。

4. 氢气使用要注意安全。

【思考题】

1. 气相色谱仪由哪几个主要部分组成，它们的主要功能是什么？

2. 分析醇同系物的混合样品为什么可选用改性聚乙二醇为固定相？

实验三十九　气相色谱法测定农药残留量

【实验目的】

1. 了解毛细管气相色谱仪的基本流程和优缺点。

2. 学习和熟悉电子捕获检测器的使用方法。

3. 学会用外标法进行气相色谱定量分析。

【实验原理】

有机氯类农药急性毒性较小，但性质稳定，容易造成残留。世界各国对有机氯农药残留量都作了严格的限量要求。六六六和滴滴涕为高毒性有机氯农药，虽然从20世纪80年代初就已禁用，但由于其化学性质稳定，半衰期长，土壤中还有残留。随着生态农业的发展，对土壤中的六六六和滴滴涕的监测仍是环境监测中的重要内容。

实验采用外标法及石英毛细管柱，通过选择最佳的气相色谱条件，利用带电子捕获检测器的气相色谱仪对土壤中六六六和滴滴涕等有机氯农药残留量进行分离和测定。采用冷浸、超声提取与硫酸钠溶液、柱色谱净化同时进行的方式实现土壤样品的前处理，该方法操作简单，提取效果与净化较完全，提高了样品的检出率及检测的准确性，能满足环境监测的要求。

【仪器和试剂】

1. 气相色谱仪（岛津 GC-14C 型或其他型号），电子捕获检测器，CBP10 石英毛细管柱（15m×0.32mm×0.25μm）。

2. 100mg/L α-六六六、β-六六六、γ-六六六、δ-六六六、pp'-DDE、op'-DDT、pp'-DDD、pp'-DDT 标准溶液。

混合标准工作溶液：准确吸取各标准溶液，并用异辛烷将其稀释成质量浓度均为 4.0mg/L 的混合标准工作液。

3. 色谱条件：进样口温度 260℃，检测器温度 260℃；柱温：180℃升温至 200℃（3℃/min，200℃时 1min），200℃ 升温至 230℃（8℃/min，230℃时 3min）；载气为高纯氮（99.999%），柱头压 60kPa，尾吹 30mL/min，分流比 10：1。

【实验步骤】

1. 样品预处理

准确称取经风干、研细、过 60 目筛的土壤样品 10g，于具塞锥形瓶中，用丙酮：石油醚＝1：1 溶剂 15mL 浸泡 0.5h，超声波提取 10min，静置。取浸泡液 5mL 于离心管中，用 1mL 水清洗 1 次，上清液用 0.5mL 浓硫酸净化，弃去磺化层，再用 1mL 水清洗 1 次，取上层液 2.0μL，进气相色谱仪分析。

2. 标准色谱分离

在选定的毛细管柱和色谱条件下，空白土壤样加标进行色谱分析，确定出峰顺序。其出峰顺序应为 α-六六六、γ-六六六、β-六六六、δ-六六六、pp'-DDE、op'-DDT、pp'-DDD、pp'-DDT。

3. 标准工作曲线

取土壤样置于 350℃烘烤 8h，放入干燥器中冷却，作为空白土样备用。取空白土样约 10g，分别加入不同体积的六六六、滴滴涕标准工作液，使其含量分别为 0μg、0.04μg、0.08μg、0.20μg、0.40μg，按上述方法分析，以六六六、滴滴涕的峰高 h 与其含量 m 进行回归分析，计算其回归方程。

4. 检测限

以基线噪声的 2.5 倍为检测限，当取样量为 10g 时，计算方法的检测限。

5. 精密度和回收率

在空白土壤样中加入六六六和滴滴涕各 0.08μg、0.20μg 和 0.40μg，作精密度和回收率试验并计算。

6. 土样测定

取 3 种土壤样进行六六六和滴滴涕有机氯农药的测定。

【数据处理】

按标准工作曲线的线性回归方程计算土壤中六六六和滴滴涕有机氯农药的残留量。

【注意事项】

1. 在一个温度程序执行完成后，需等待色谱仪回到初始状态并稳定后，才能进行下一次进样。

2. 用微量注射器移取溶液时，必须注意液面上气泡的排除。抽液时应缓慢上提针芯，若有气泡，可将注射器针尖向上，使气泡上浮后推出。

【思考题】

1. 采用毛细管色谱柱分析时，为什么要采用分流方式？分流会不会使样品组分失真？怎样测定分流比？

2. 怎样评价毛细管柱的特性？

3. 简述毛细管色谱法的优缺点。

4. 简述程序升温的优缺点。

实验四十　内标法分析低度大曲酒中的杂质

【实验目的】

1. 掌握气相色谱分析的基本原理及气相色谱仪的操作技术。

2. 熟悉内标法定量公式及其应用。

3. 了解相对定量校正因子的定义及其求取方法。

【实验原理】

对于试样中少量杂质的测定，或仅需测定试样中某些组分时，可采用内标法定量。本实验采用内标法测定，其原理同实验三十六。

【仪器和试剂】

1. 气相色谱仪。

2. 色谱柱。

3. 氢火焰离子化检测器。

4. 微量注射器。

5. 秒表。

6. 乙酸乙酯，正丙醇，异丁醇，正丁醇，乙酸正戊酯和乙醇（均为分析纯）。

【实验步骤】

1. 按照操作说明书使色谱仪正常运行，并调节至如下条件：柱温 80℃。

气化温度 150℃。

检测器温度 150℃。

载气为氮气，0.1MPa。氢气和空气的流量分别为 50mL/min 和 500mL/min。灵敏度 1000。衰减 1∶1。

2. 标准溶液的制备

在 10mL 容量瓶中，预先放入约 3/4 的 40％乙醇-水溶液，然后分别加入 4.0μL 乙酸乙酯、正丙醇、异丁醇、正丁醇和乙酸正戊酯，并用 40％乙醇-水溶液稀释至刻度，混匀。

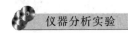

3. 加有内标物的样品的制备

预先用低度大曲酒荡洗 10mL 容量瓶，移取 4.0μL 乙酸正戊酯至容量瓶中，再用大曲酒稀释至刻度，摇匀。

4. 注入 1.0μL 标准溶液至色谱仪中分离，记下各组分的保留时间，并重复两次。

5. 用标准物对照，确定它们在色谱图上的相应位置。标准物注入量约为 0.1μL，并配以合适的衰减值。

6. 注入 1.0μL 样品溶液分离，方法同步骤 4、5，并重复两次。

【数据处理】

1. 确定样品中应测定组分的色谱峰位置。

2. 计算以乙酸正戊酯为标准的平均相对定量校正因子。

3. 计算样品中需要测定的各组分的含量（以三次测定的平均值计，用 mg/L 表示）。

【注意事项】

微量注射器移取溶液时，必须注意液面上气泡的排除。抽液时应缓慢上提针芯，若有气泡，可将注射器针尖向上，使气泡上浮后推出。

【思考题】

1. 本实验中选乙酸正戊酯作为内标，它应符合哪些要求？

2. 配制标准溶液时，把乙酸正戊酯的浓度定为 0.04%，是任意的吗？将其他各组分的浓度也定为 0.04%，其目的是什么？

3. 若在同样实验条件下分离高度大曲酒，可能会带来什么不良后果？

4. 要使大曲酒的分离进一步得到改进，可采取哪些方法？若要知道大曲酒中每一组分含量，最好采用什么方法？

实验四十一　气相色谱法测定白酒中的甲醇

【实验目的】

1. 了解气相色谱仪的组成部分及气相色谱仪的使用方法。

2. 了解外标法测定白酒中甲醇的原理。

【实验原理】

气相色谱仪是对气体物质或可以在一定温度下转化为气体并不会被热解的物质进行检测分析的仪器。当汽化后的样品被载气带入色谱柱中运行时，由于样品中各组分在气相和固定相之间的分配系数不同，各组分在色谱柱中运行的速度也就不相同，经过一定时间的流动，各组分彼此分离后进入检测器，检测器产生的信号经放大，在记录仪上描绘出各组分的色谱峰。根据出峰的位置确定样品中各组分的名称，再根据峰面积确定各组分的浓度。

【仪器和试剂】

1. 气相色谱仪：带氢火焰离子化检测器（FID）。

气相色谱条件：柱温起始 30℃，恒温 5min 后，以 10℃/min 升温至 100℃，再以 20℃/min 升温至 200℃，恒温 5min。进样口温度 220℃；检测器温度 300℃；载气流速 99.999% N_2，20mL/min；氢气流速 30mL/min；空气流速 300mL/min；尾吹气流量 28mL/min；分流比 70:1；进样量 1μL。

2. 旋涡混合器。

3. GDX 填充柱 （3mm×3m）。

4. 甲醇 （色谱纯）。

5. 甲醇标准溶液 （6000μg/mL）：准确称取甲醇 600mg，用超纯水洗入 100mL 容量瓶并定容，摇匀备用。

6. 乙醇 （60％）：不含甲醇的无水乙醇 300mL，用水稀释至 500mL。

7. 市售白酒。

【实验步骤】

1. 甲醇标准溶液的制备

吸取 6000μg/mL 甲醇标准溶液 0.2mL、0.5mL、1.0mL、2.0mL、4.0mL、5.0mL 于 50mL 容量瓶中，用 60％乙醇定容，此溶液含甲醇为 24μg/mL，60μg/mL，120μg/mL，240μg/mL，480μg/mL，600μg/mL 的标准溶液。

2. 白酒样品中甲醇的测定

打开气体钢瓶，打开仪器电源和计算机电源，预热 30min，按气相色谱条件设置气相色谱仪，FID 点火并检查基线工作是否正常。分别吸取 1μL 从低到高甲醇标准溶液和白酒样品依次注入进样口，记录各标准溶液和样品的出峰情况和峰面积，确定白酒样品合适的稀释比。

【结果计算】

白酒样品中甲醇的浓度 c 以回归方程计算或按下式计算：

$$c = fc_1$$

式中　f——稀释比；

c_1——由测定水样的吸光度从标准曲线上求得钾或钠的浓度，μg/mL。

【思考题】

1. 气相色谱仪由哪些部分组成？

2. 常见的气相色谱仪检测器有哪些，各有什么特点？

第 11 章　高效液相色谱法

11.1　基本原理

高效液相色谱法（HPLC）又称高压液相色谱法或高速液相色谱法，是一种以高压输出的液体为流动相的色谱技术。它是 20 世纪 60 年代开始发展起来的一种具有高分离速度、高分离效率和高灵敏度的现代液相色谱法。

高效液相色谱法的基本原理与气相色谱法相似，因此，气相色谱法中的基本理论、基本概念也基本上适用于高效液相色谱法。

11.1.1　液相色谱的速率方程

高效液相色谱也可以用气相色谱的塔板理论进行解释和计算。高效液相色谱的 van Deemter 方程为：

$$H = 2\lambda d_p + \frac{C_d' D_m}{u} + \left(\frac{C_s d_f^2}{D_s} + \frac{C_m d_p^2}{D_m} + \frac{C_{sm} d_p^2}{D_m} \right) u$$

$$（\text{I}）\quad（\text{II}）\quad\quad（\text{III}）\quad\quad（\text{IV}）\quad\quad（\text{V}）$$

式中，C_d' 为常数，C_s、C_m、C_{sm} 分别为固定相、流动相和停滞流动相的传质阻力系数，当填料一定时为定值；D_m、D_s 分别为组分在流动相和固定相中的扩散系数；d_f 为固定相层的厚度；d_p 为固定相的平均颗粒直径；u 为流动相线速度。

式中，Ⅰ和Ⅱ分别表示涡流扩散项和纵向扩散项。由于组分在液相中的扩散系数比气相中小 4～5 个数量级，因此纵向扩散项可以忽略不计。Ⅲ和Ⅳ分别为固定相传质阻力和在流动相区域内流动相的传质阻力；Ⅴ为在流动相停滞区域内的传质阻力，如果固定相的微孔小而深，其传质阻力必会大大增加。可见，要提高液相色谱分离的效率，必须得到小的 H 值，可以从色谱柱、流动相及流速等方面进行综合考虑，而减小填料粒度是提高柱效的最有效途径。

11.1.2　柱外效应

速率方程研究的是柱内溶质的色谱峰展宽，柱外效应也是影响高效液相色谱柱效的一个重要因素。所谓柱外效应是指色谱柱外各种因素引起的色谱峰扩展，包括柱前峰展宽和柱后峰展宽。

柱前峰展宽包括由进样器及进样器到色谱柱连接管引起的峰展宽。由于进样器和进样器到色谱柱连接管的死体积以及进样时液流扰动引起的扩散都会引起色谱峰的展宽和不对称，故希望样品直接进到柱头的中心部位。

柱后峰展宽主要是由检测器流通池体积和连接管等引起的，采用小体积检测器可以降低柱外效应。在实际工作中，柱外管道的半径为 2～3mm 或更小。

为减少柱外效应的影响，应尽可能减小柱外死空间，即减小除柱子本身外，从进样器到检测池之间的所有死空间。

11.2　高效液相色谱仪

高效液相色谱仪种类很多,从仪器功能上可分为分析、制备、半制备、分析和制备兼用等形式;从仪器结构布局上又可分为整体和模块两种类型。每种仪器都有不同的性能和结构,但都有四个主要部分:高压输液系统、进样系统、分离系统和检测系统。此外还配有梯度淋洗、自动进样及数据处理等辅助系统。图 11.1 是典型的高效液相色谱仪结构示意图。

其工作过程为:高压泵将贮液器中的溶剂经进样器送入色谱柱中,然后从检测器的出口流出。当待测样品从进样器注入时,流经进样器的流动相将其带入色谱柱中进行分离,然后依次进入检测器,由记录仪将检测器送出的信号记录下来得到色谱图。

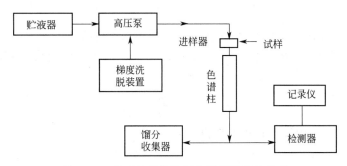

图 11.1　典型的高效液相色谱仪结构示意图

11.3　实验部分

实验四十二　高效液相色谱法测定咖啡因含量

【实验目的】

1. 认识高效液相色谱仪,掌握高效液相色谱仪的基本操作。

2. 掌握高效液相色谱法进行定性分析和定量分析的原理。

3. 掌握单点校正法进行定量分析的方法。

【实验原理】

咖啡因又称咖啡碱,属黄嘌呤衍生物,化学名称为 1,3,7-三甲基黄嘌呤,是由茶叶或咖啡中提取而得的一种生物碱。咖啡中含咖啡因为 1.2%～1.8%,茶叶中为 2.0%～4.7%。可乐饮料、APC 药片等中均含咖啡因。

高效液相色谱法一般在室温下进行分离和分析,适于分离分析生物大分子、离子型化合物、不稳定的天然产物,及各种高分子化合物如蛋白质、氨基酸、核酸、多糖类、植物色素、高聚物、染料和药物等。高效液相色谱法定性和定量分析的原理和方法与气相色谱法相同,即在一定的色谱操作条件下,每种物质有一定的保留值,而被测物质的质量 m_i 与检测

器产生的信号——色谱峰的面积 A_i 或峰高 h_i 成正比，即

$$m_i = f_i' A_i \quad 或 \quad m_i = f_i'' h_i$$

式中，f_i'、f_i'' 为比例常数，分别称为峰面积和峰高绝对校正因子。

由于各组分在同一检测器上具有不同的响应值，同一检测器对不同物质具有不同的响应值，两个相等量的物质得不出相等的峰面积，或者说相等的峰面积并不一定意味着相等物质的量。所以，不能用色谱峰的峰面积或峰高来直接计算各组分的含量。

色谱法中常用的定量分析方法有归一化法、内标法和外标法。外标法是所有定量分析中最通用的一种方法，也叫标准曲线法。外标法简便，不需要校正因子，但进样量要求十分准确，操作条件也需严格控制，适于日常控制分析和大量同类样品分析。

外标法的测定方法为：把待测组分的纯物质配成不同浓度的标准系列，在一定操作条件下分别向色谱柱中注入相同体积的标准样品，测得各峰的峰面积或峰高，绘制 A-C 或 h-C 的标准曲线。在完全相同的条件下注入相同体积的待测样品，根据所得的峰面积或峰高从曲线上查得含量。

在已知样品标准曲线呈线性的情况下，可以用单点校正法测定。配制一个与被测组分含量相近的标准物，在同一条件下先后对被测组分和标准物进行测定，被测组分的质量分数为：

$$w_i = \frac{A_i}{A_s} \times \frac{m_s}{m} \times P_s$$

式中　m_s——标准溶液中标准物质的质量；

　　　m——称取的样品质量；

　　　P_s——标准物质的纯度，如 99.00% 等；

　　　A_i——样品溶液中待测组分 i 的数次峰面积的平均值；

　　　A_s——标准溶液中 i 组分数次峰面积的平均值。

也可以用峰高代替峰面积进行计算。

【仪器和试剂】

1. 高效液相色谱仪（岛津 LC-10ATvp 型或其他型号），带紫外检测器、柱温箱、六通阀和色谱工作站，C_{18} 柱，微量注射器，超声波清洗器 1 台，溶剂过滤器 1 套。

2. 甲醇（色谱纯），二次蒸馏水，咖啡因标样，可乐饮料。

【实验步骤】

1. 色谱操作条件

色谱柱：岛津 VP-ODS 柱，150×4.6mm（id），5μm。

流动相：甲醇：水＝70：30（体积比），流速：1mL/min。

柱温：40℃；进样量：20μL；检测波长：254nm。

2. 标准溶液的配制：准确称取咖啡因标样 20.0mg 于 50mL 容量瓶中，用甲醇溶解、定容，摇匀。准确移取 1.00mL 该溶液于 10mL 容量瓶中，用甲醇定容，摇匀。

3. 样品溶液的配制：取 30mL 可乐饮料于烧杯中，用超声波脱气 5min 以驱赶二氧化碳。准确移取 1mL 已脱气的饮料于 10mL 容量瓶中，用甲醇定容，摇匀。

4. 待仪器基线稳定后，进标准溶液 20μL，记录色谱图，重复两次。

5. 进样品溶液 20μL，记录色谱图，重复两次。

6. 冲洗色谱柱 1h 后，关机。

【数据处理】

1. 确定样品色谱图中咖啡因的位置。

2. 计算可乐饮料中咖啡因的含量。

【注意事项】

1. 所用流动相必须分别过滤后使用。

2. 用微量注射器进样时，必须注意排除气泡。抽液时应缓慢上提针芯。若有气泡，可将注射器针尖向上，使气泡上浮后推出。

3. 不同牌号的饮料中咖啡因含量不同，移取的样品量可酌量增减。

4. 若样品和标准溶液需保存，应置于冰箱中。

5. 实验完毕，必须冲洗柱子。

【思考题】

1. 紫外检测器是否适于所有有机化合物的检测，为什么？

2. 外标法应用于哪些情况？它与内标法、归一化法比较，有何优缺点？

实验四十三　　内标法测定联苯

【实验目的】

1. 熟悉高效液相色谱仪的基本构造与一般使用方法。

2. 理解内标法的测定原理和优点。

3. 初步学会设计色谱法进行样品测定的实验步骤，并以萘为内标物测定样品中联苯的含量。

【实验原理】

在液相色谱中，若采用非极性固定相，如十八烷基键合相，而采用极性流动相，这种色谱法称为反相色谱法。这种分离方式特别适合于同系物的分离。萘、联苯在 ODS 柱上的作用力大小不等，它们的 k' 值不等（k' 为分配比），在柱内的移动速度不同，因而先后流出柱子。根据组分峰面积大小就可求出各组分的含量。

内标法是一种准确而应用广泛的定量分析方法。内标法克服了外标法的缺点，不仅可以抵消实验条件和进样量变化带来的误差，而且定量准确，应用广泛，限制条件少。当样品中组分不能全部流出色谱柱，某些组分在检测器上无信号或只需要测定样品中的个别组分时，经常采用内标法进行定量分析。

【仪器和试剂】

1. 仪器：高效液相色谱仪（岛津 LC-10ATvp 型或其他型号），带紫外检测器、柱温箱、六通阀和色谱工作站，C_{18} 柱，微量注射器，超声波清洗器 1 台，溶剂过滤器 1 套。

2. 试剂：甲醇（色谱纯），二次蒸馏水，萘（分析纯），联苯（分析纯），含联苯的样品。

【实验步骤】

1. 色谱操作条件

色谱柱：岛津 VP-ODS 柱，150×4.6mm(id)，5μm。

流动相：甲醇：水＝90：10（体积比），流速：1mL/min。

柱温：40℃；进样量：20μL；检测波长：254nm。

2. 标准溶液的配制

（1）准确称取 0.0200g 萘于 100mL 容量瓶中，用甲醇溶解、定容，摇匀，得萘标准贮备溶液。准确移取 1.00mL 此液于 10mL 容量瓶中，用甲醇稀释、定容，摇匀，得萘内标标准溶液。

（2）准确称取 0.0200g 联苯于 100mL 容量瓶中，用甲醇溶解、定容，摇匀，得 0.60mg/mL 的联苯标准贮备溶液。准确移取 0.50mL 此液于 10mL 容量瓶中，用甲醇稀释、定容，摇匀，得 0.03mg/mL 的联苯标准溶液。

3. 定量标准溶液的配制：分别准确移取 1.00mL 萘标准贮备溶液和 0.50mL 联苯标准贮备溶液（0.60mg/mL）于同一 10mL 容量瓶中，用甲醇稀释、定容，摇匀，得含有 0.20mg/mL 萘的内标物的联苯定量标准溶液（0.06mg/mL）。

4. 样品溶液的配制：准确移取 1.00mL 样品溶液和 1.00mL 萘标准贮备溶液（2.0mg/mL）于同一 10mL 容量瓶中，用甲醇稀释、定容，摇匀，得含有 0.20mg/mL 萘内标物的样品溶液。

5. 待基线平直后，分别注入 0.20mg/mL 的萘内标标准溶液和 0.06mg/mL 的联苯标准溶液各 20μL，记录萘和联苯的保留时间。

6. 注入 20μL 定量标准溶液，记录色谱图，重复两次。

7. 注入 20μL 样品溶液，记录色谱图，重复两次。

8. 实验结束后，冲洗色谱柱 1h 后，按要求关好仪器。

【数据处理】

1. 确定标准溶液和样品溶液中色谱峰的归属，并记录相应的峰面积值。

2. 用内标法计算样品溶液中联苯的浓度。

【注意事项】

1. 用微量注射器进样时，必须注意排除气泡。抽液时应缓慢上提针芯。若有气泡，可将注射器针尖向上，使气泡上浮后推出。

2. 室温较低时，为加速萘的溶解，可用超声波辅助溶解。

【思考题】

1. 什么是反相色谱法？有何优点？

2. 完成一个色谱分析过程需要哪些步骤？

实验四十四　饮料中咖啡因的高效液相色谱分析

【实验目的】

1. 进一步熟悉和掌握高效液相色谱议的结构。

2. 巩固对反相液相色谱原理的理解及应用。

3. 掌握外标法定量及 Origin 软件绘制标准曲线。

【实验原理】

咖啡因具有提神醒脑等刺激中枢神经作用，但易上瘾。到目前为止我国仅允许咖啡因加入到可乐型饮料中。

在化学键合相色谱法中，对于亲水性的固定相常采用疏水性的流动相，即流动相的极性小于固定相的极性，这种情况称为正向化学键合相色谱法。反之，若流动相的极性大于固定相的极性，则称为反相化学键合相色谱法，该方法目前的应用最为广泛。本实验采用反相液相色谱法，以 C_{18} 键合相色谱柱分离饮料中的咖啡因，紫外检测器进行检测，以咖啡因标准系列溶液的色谱峰面积对其浓度作标准曲线，再根据试样中咖啡因的峰面积，由标准曲线算出其浓度。

【仪器和试剂】

1. 岛津 LC-20A，$50\mu L$ 微量进样器。

2. 超声波清洗器。

3. 混纤微孔滤膜。

4. 甲醇为色谱纯，水由超纯水机制得。

5. 市售可口可乐。

6. 咖啡因为分析纯，其标准溶液的配制方法如下。

（1）标准贮备液：配制含咖啡因 $1000\mu g/mL$ 的甲醇溶液，备用。

（2）标准系列溶液：用上述贮备液配制含咖啡因 $20\mu g/mL$、$40\mu g/mL$、$80\mu g/mL$、$160\mu g/mL$、$320\mu g/mL$ 的甲醇溶液，备用。

【实验条件】

1. 色谱柱：（C_{18}）$4.6mm(id)\times15cm$。

2. 流动相：甲醇∶水＝60∶40，流量 $0.4mL/min$。

3. 检测器：紫外分光光度检测器，测定波长 254nm。

4. 进样量：$5\mu L$。

【实验步骤】

1. 将配制好的流动相过滤后置于超声波清洗器上脱气 15min。

2. 根据实验条件，将仪器按照仪器的操作步骤调节至进样状态，待仪器液路和电路系统达到平衡时，色谱工作站或记录仪的基线呈平直，即可进样。

3. 标准溶液经过滤，依次分别吸取 $5\mu L$ 的五个标准溶液进样，记录各色谱数据。

4. 将约 20mL 可口可乐经过滤后置于 25mL 容量瓶中，用超声波清洗器脱气 15min。

5. 吸取 $5\mu L$ 的可乐试样进样，记录各色谱数据。

6. 实验结束后，按要求关好仪器。

【数据处理】

1. 处理色谱数据

将标准溶液及试样溶液中咖啡因的保留时间及峰面积列于下表中。

项　　目	t_R/min	$A/mV\cdot s$
$20\mu g/mL$		
$40\mu g/mL$		
$80\mu g/mL$		
$160\mu g/mL$		
$320\mu g/mL$		
可口可乐		

2. 用 Origin 软件绘制咖啡因峰面积-质量浓度的标准曲线，并计算回归方程和相关系数。

3. 根据试样溶液中咖啡因的峰面积值，计算可口可乐中咖啡因的质量浓度。

【思考题】

1. 用标准曲线法定量的优缺点是什么？

2. 根据结构式，咖啡因能用离子交换色谱法分析吗？为什么？

3. 若标准曲线用咖啡因质量浓度对峰高作图，能给出准确结果吗？与本实验的峰面积-质量浓度标准曲线相比何者优越？为什么？

实验四十五　高效液相色谱法快速测定
大豆异黄酮制品中的有效成分

【实验目的】

1. 了解高效液相色谱仪的基本结构和工作原理，以及初步掌握其操作技能。

2. 理解反相色谱的原理和应用。

3. 掌握标准曲线定量法。

【实验原理】

大豆中的大豆异黄酮 97% 以上是以糖苷形式存在的，苷元所占比例很少。化学结构决定化学性质，也决定生物活性。不同单体组分的大豆异黄酮其生理活性是不同的。大豆中天然存在的大豆异黄酮共有 12 种，只有游离型的苷元具有较高的生物活性。大豆异黄酮中的染料木黄酮（Genistein）和黄豆苷元（Daidzein）的化学结构与雌性激素结构相似，因此染料木黄酮和黄豆苷元具有较强的弱雌激素活性、抗氧化活性、抗溶血活性和抗真菌活性。大豆异黄酮的测定方法目前主要有紫外分光光度法、薄层色谱法、气相色谱法、高效液相色谱法等。其中，高效液相色谱法由于具有样品处理简单、操作容易、分离度好、定量准确、可进行单体检测等优点而被广泛地应用于异黄酮等天然产物的定量测定。本实验采用了 β-葡萄苷酶水解市售大豆异黄酮粉，进一步制备了富含大豆异黄酮苷元的制品，经 Agilent-1100 型反相高效液相色谱 C_{18} 柱进行分离，以紫外检测器进行检测，以染料木苷和黄豆苷、染料木黄酮和黄豆苷元标准系列溶液的色谱峰面积对其浓度做工作曲线，再根据样品的峰面积求出其含量。

【仪器和试剂】

1. 高效液相色谱仪（Agilent-1100 型）：Agilent-G1314A 泵，Agilent-G1314A 紫外检测器。

2. 染料木苷、黄豆苷、染料木黄酮、黄豆苷元 4 种标准品（SIGMA 公司），30%大豆异黄酮粉（市售），大豆异黄酮水解物，甲醇为色谱纯，其余所用试剂均为国产分析纯。

【实验步骤】

1. 按操作说明书使用色谱仪，其色谱条件如下。

色谱柱：Agilent-1100 C_{18}柱（3.9mm×150mm）；

检测器：Agilent-G1314A 紫外检测器；

检测波长：260nm；

柱温：室温；

流动相：按甲醇：水=35%～45%（体积比）进行梯度洗脱；

流速：1.0～2.0mL/min。

2. 标准曲线的绘制

分别准确称取标准品染料木苷和黄豆苷各 1mg、染料木黄酮和黄豆苷元各 5mg，用甲醇（色谱级）分别定容到 10mL 容量瓶中，制成标准贮备液。然后分别从各标准贮备液中吸取一定量，用甲醇稀释到 1μg/mL、2μg/mL、3μg/mL、4μg/mL、5μg/mL 待测。以峰面积（Y）为纵坐标，大豆异黄酮浓度（X）为横坐标，对各组分浓度与峰面积关系进行回归分析，分别绘制四种标准品的标准曲线。

3. 回收率试验

分别准确吸取一定量的染料木苷、黄豆苷、染料木黄酮、黄豆苷元标准品溶液，加入一定量的已知浓度染料木苷、黄豆苷、染料木黄酮、黄豆苷元的样品中，按测定样品含量的方法操作、测试，通过标准加入法计算样品的回收率（$n=3$）。

4. 精密度试验

将一定浓度的染料木苷、黄豆苷、染料木黄酮、黄豆苷元标准品溶液连续进样 5 次，根据测定峰面积的结果，计算染料木苷、黄豆苷、染料木黄酮、黄豆苷元的相对标准偏差。

5. 30％大豆异黄酮粉的分析

准确称取 30％大豆异黄酮 10mg，用甲醇定容至 100mL。取 3mL 液体稀释至 5mL，经微滤膜过滤，通过 HPLC 测定原料中大豆异黄酮各组分的含量。

6. 大豆异黄酮水解物分析

准确称取一定量的大豆异黄酮水解产品，用甲醇配制成一定浓度的溶液，经 $0.45\mu m$ 微孔滤膜过滤，滤液即可用于高效液相色谱分析。

酶水解工艺路线：

30％大豆异黄酮粉→缓冲液调 pH 值→加酶水解→灭酶活→冷却过夜→离心→真空干燥→水解产品。

【数据处理】

1. 大豆异黄酮标准曲线的绘制。用高效液相色谱法测定染料木苷、黄豆苷、染料木黄酮和黄豆苷元四种标准品，得到标准曲线。

2. 计算样品加标回收率。

3. 计算方法的精密度。

4. 根据标准谱图中的染料木苷、黄豆苷、染料木黄酮、黄豆苷元组分的保留时间，对30％大豆异黄酮粉和大豆异黄酮水解物的组分进行定性分析。

5. 根据样品中染料木苷、黄豆苷、染料木黄酮、黄豆苷元组分的峰面积，通过各自的标准曲线计算组分含量。

【思考题】

1. 若标准曲线用浓度对峰高作图，能给出准确结果吗？

2. 除采用标准曲线法定量外，还可采用什么定量方法？

3. 紫外检测器是否适用于各类有机化合物的测定？为什么？

4. 若实验获得的色谱峰太小，你应如何改善实验条件？

实验四十六　反相液相色谱法分离芳香烃

【实验目的】

1. 学习高效液相色谱仪的操作。

2. 了解反相液相色谱的特点及应用。

3. 掌握以保留时间定性的方法，加深对色谱分离理论的认识。

【实验原理】

液相色谱中，若采用非极性固定相（如 C_{18} 柱中的十八烷基键合相），极性流动相（如水、甲醇、乙腈等），这类色谱法称为反相液相色谱法。对于苯的同系物（苯、甲苯、丙苯、丁苯）采用这一方法，可实现良好分离；各组分依据其在固定相和流动相间的分配系数 K 的不同，以先后次序流出。

$$K = \frac{\text{组分在固定相中的浓度}}{\text{组分在流动相中的浓度}}$$

保留时间（t_R），即组分从进样到检出其浓度极大值（峰值）所需的时间。t_R 由色谱过程中的热力学因素决定。一定色谱条件下，t_R 可作为组分定性分析依据。

苯的几种同系物：

苯　　甲苯　　丙苯　　丁苯

【仪器和试剂】

1. 高效液相色谱仪。
2. 色谱柱：ODS柱（C_{18}柱）。
3. 紫外吸收检测器（254nm）。
4. 注射器：$10\mu L$。
5. 样品：苯，甲苯，丙苯，丁苯。
6. 流动相：80％甲醇＋20％水。
7. 待测样品溶液。

【实验步骤】

1. 流动相的准备（配制、过滤、超声波脱气）。
2. 以流动相溶液配制浓度为 10mg/mL 的各芳香烃标准溶液。
3. 按高效液相色谱仪操作说明，设定适当的色谱条件（柱温20℃、流动相流速1.0mL/min、检测波长254nm、检测灵敏度等）。
4. 流动相冲洗色谱柱，待基线稳定后，分别进苯、甲苯、丙苯、丁苯标准溶液 $5\mu L$；获得其标准样色谱图，记录各自保留时间（t_R）。
5. 进待测样 $5\mu L$，获得色谱图，依据各峰的保留时间，判断待测样的组成。

【数据处理】

1. 记录 HPLC 仪器操作、色谱条件。
2. 芳香烃标准品保留时间。

芳香烃	苯	甲苯	丙苯	丁苯
t_R/min				

3. 记录待测样色谱图中各峰的保留时间，判断其组成。
4. 以标准品的浓度-峰面积关系（通常成正比关系）为参考，估算待测样中各组分的含量。

【注意事项】

现代高效液相色谱仪集成度及自动化程度高，通常由计算机结合相关应用软件控制，界面友好，数据处理功能强大；在教师指导下，可现场完成数据的分析、处理。

【思考题】

1. 考察各芳香烃组分的保留时间，其出峰的先后顺序与分子结构有无关系，为什么？
2. 若待测样品中的各组分无法基线分离，可从哪些方面考虑改善色谱分离条件？

实验四十七　高效液相色谱法测定对羟基苯甲酸酯类化合物

【实验目的】

1. 熟悉和掌握高效液相色谱议的结构。
2. 了解反相色谱的特性，掌握外标法测定的原理与方法。
3. 掌握高效液相色谱法测定对羟基苯甲酸酯类化合物的原理和方法。

【实验原理】

对羟基苯甲酸酯（尼泊金酯）是一类低毒高效防腐剂，已广泛用于食品、饮料、化妆品、医药等许多方面，仅在化妆品行业我国每年的需求量就达 50t 以上。尼泊金乙酯、尼泊金丙酯也是世界上用量较大的防腐剂，它具有高效、低毒、广谱、易配伍的优点。对羟基苯甲酸酯类除对真菌有效外，由于它具有酚羟基结构，所以抗细菌性能比苯甲酸、山梨酸都强，防腐效果不易随 pH 值的变化而变化。由于对羟基苯甲酸酯类化合物对人和动物存在一定的毒害性，大量使用此类防腐剂危害人体健康，我国对食品中此类防腐剂的添加量作出了相应的限制。

本实验采用反相液相色谱法，以 C_{18} 键合相色谱柱分离试样中的对羟基苯甲酸酯类化合物，紫外检测器进行检测，保留时间定性，以标准系列溶液的色谱峰面积对其浓度作标准曲线，再根据试样中的相应峰面积，由其标准曲线算出其浓度。

【仪器和试剂】

1. LC-10A 高效液相色谱仪（二元高压梯度，紫外检测器，NE2000 色谱工作站）。
2. 色谱柱（大连依利特公司）Hypersil ODS2 [$5\mu m$, $4.6mm(id) \times 150mm$]，并配有 C_{18} 保护柱。
3. 容量瓶（100mL、50mL），移液管（10.00mL、5.00mL），洗耳球，小烧杯（50mL、100mL），微量进样器（$50\mu L$，上海安亭）。
4. 纯水由超纯水机制得，甲醇为色谱纯。
5. 标准溶液：配制含对羟基苯甲酸甲酯标准贮备液 $1000\mu g/mL$，备用；配制含对羟基苯甲酸丙酯标准贮备液 $1000\mu g/mL$，备用。

用上述标准贮备液配制 $50\mu g/mL$ 的对羟基苯甲酸甲酯标准溶液和 $50\mu g/mL$ 的对羟基苯甲酸丙酯标准溶液，备用。

用标准贮备液配制含对羟基苯甲酸甲酯和对羟基苯甲酸丙酯均为 $5\mu g/mL$、$10\mu g/mL$、$25\mu g/mL$、$50\mu g/mL$ 和 $100\mu g/mL$ 的混合标准溶液。

6. 待测液：含未知浓度的对羟基苯甲酸酯混合溶液。

【实验步骤】

1. 流动相的预处理　取色谱纯甲醇 500mL，超纯水 1000mL，用 $0.45\mu m$ 针头式滤膜过滤后，装入流动相贮液器内，用超声波清洗器脱气 $10\sim20min$。
2. 分别准确吸取标准贮备液 0.5mL、1.0mL、1.5mL、2.0mL、2.5mL 于 25mL 容量瓶中，用水稀释至刻度，摇匀。该标准系列浓度分别为 $20\mu g/mL$、$40\mu g/mL$、$60\mu g/mL$、$80\mu g/mL$、$100\mu g/mL$，用注射器吸取 5mL，用 $0.45\mu m$ 针头式滤膜过滤，弃去最初 5 滴，装入色谱样品瓶中备用。
3. 按仪器说明书依次打开高压输液泵、紫外检测器、色谱工作站的电源。
4. 打开色谱工作站软件，建立一个运行方法，运行时间设置为 30min，纵坐标满量程设置为 500mV，设定流动相流速为 1.0mL/min，流动相为甲醇∶水为 60∶40 检测波长为 257nm，启动输液泵，启动工作站观察基线情况。

5. 进样 待基线稳定后，用 $50\mu L$ 平头微量注射器取试样溶液 $20\mu L$，将进样阀柄置于"load"位置时分别注入对羟基苯甲酸甲酯、对羟基苯甲酸丙酯标准溶液，将进样阀柄转至"Inject"位置，按采样按钮开始记录。

6. 数据采集 从计算机的显示屏上即可看到样品的流出过程和分离状况。待所有的色谱峰流出完毕后停止采样，在工作站中对谱图进行积分，记录积分后的峰保留时间和峰面积。

7. 标准曲线的测定 分别进样各混合标准溶液和未知液，记录好对应的色谱峰的峰面积。

8. 结束工作 所有样品分析完毕后，关闭检测器电源，把流动相切换为 100% 甲醇，继续冲洗色谱柱 30min 后关机。

【数据处理】

1. 在样品的色谱图上指明相应的色谱峰，记录其保留时间。

2. 根据混合标准溶液的色谱图绘制峰面积-浓度标准曲线。在标准曲线的线性区间，计算其斜率 k、截距 b 及相关系数 r。

3. 根据 $50\mu g/mL$ 混标溶液的色谱图，计算相应化合物的分离度和柱效。

【思考题】

1. 若实验中的色谱峰无法完全分离，应如何改善实验条件？

2. 高效液相色谱仪由哪几大部分组成？

实验四十八 高效液相色谱法测定阿维菌素原料药中阿维菌素的含量

【实验目的】

1. 了解并初步掌握高效液相色谱仪的基本原理与构造。

2. 了解高效液相色谱仪常用的几种检测器的工作原理和使用范围。

3. 学习色谱分析样品的制备方法，初步掌握获取高效液相色谱谱图和数据的一般操作程序与技术，学会优化分析条件。

4. 学习谱图和数据的处理方法，掌握高效液相色谱法的定性与定量方法。

【实验原理】

高效液相色谱分离是利用试样中各组分在色谱柱中的淋洗液和固定相间的分配系数不同，当试样随着流动相进入色谱柱中后，组分就在其中的两相间进行反复多次（$10^3 \sim 10^6$）的分配，由于固定相对各种组分的保留作用力不同，因此各组分在色谱柱中的运行速度不同，经过一定的柱长后，便彼此分离，顺序离开色谱柱进入检测器，产生的离子流信号经放大后，在记录器上描绘出各组分的色谱峰。

【仪器和试剂】

1. 高效液相色谱仪，色谱柱，容量瓶，分析实验室常用玻璃仪器。

2. 甲醇（色谱纯），超纯水，滤膜，阿维菌素标准品。

【实验步骤】

1. 样品制备

样品制备过程中，首先应考虑将可能干扰待测组分定量的干扰成分尽可能分离出去，同时，当待测组分含量很低时，还要考虑通过样品制备使待测组分在试验样品中的含量得以提高，便于进行色谱分析。

2. 定性、定量方法

保留时间定性；峰高、峰面积定量（归一法、外标法、内标法、标准加入法）。

3. 数据处理

实验中所有测量数据都要随时记在专用的记录本上，不可记在其他任何地方，记录的数据不得随意进行涂改；其平行实验数据之间的相对标准偏差（RSD）一般不应大于 5%；实验结果的误差应不超过 ±2%。

4. 色谱条件

色谱柱：C_{18} 反相柱（4.6×150mm i. d.）。

流动相：甲醇：水＝85：18（体积比）。

检测波长：245nm；流速：1mL/min；柱温：25℃。

5. 标准溶液的配制

准确称取一定量的阿维菌素标准品，置于 25mL 容量瓶中，用流动相溶解、定容，配制成标准溶液。

6. 样品的配制

准确称取一定量的农药制剂样品（准确至 0.0001g），置于 25mL 容量瓶中，用流动相稀释、定容，配制成样品。

【数据处理】

1. 线性相关性测定

配制 6 个不同浓度的阿维菌素标准品溶液，分别进样分析，以浓度为纵坐标，峰面积为横坐标作图，测定方法的线性范围和相关性。

2. 方法的精密度

在要求的色谱条件下，对同一样品分别称取 4 个样进行定量分析，计算含量、变异系数以及标准偏差。

3. 方法的准确度

采用标准品加入样品进行回收试验。在已知含量的样品中滴加一定量的标准溶液，在要求的色谱条件下进行测定，检测方法的回收率。

【注意事项】

1. 实验之前必须交预习报告，实验完后认真写好实验报告。

2. 严格遵守实验室规章制度。

3. 做好实验记录工作。

【思考题】

1. 通过对方法准确度和精密度的考察，说明方法的可行性。

2. 简述高效液相色谱仪的日常维护及其必要性。

实验四十九　高效液相色谱法测定水、土壤及甘蓝中精喹禾灵残留量

【实验目的】

1. 掌握不同基质中农药残留的前处理方法。

2. 掌握柱色谱法的原理及基本操作。

3. 掌握液相色谱外标法进行农药残留量分析的方法。

【实验原理】

精喹禾灵又名精禾草克，化学名称为 ［(R)-2- 4-(6-氯- 2-喹噁啉氧基)苯氧基]丙酸乙酯，是一种杂环氧基丙酸酯类内吸传导型选择性茎叶处理除草剂，广泛用于烟草、油菜、花

生、马铃薯、大豆、番茄等多种阔叶作物地中防除多种禾本科杂草。但随着它的广泛使用，其对生态环境产生的不利影响也日趋增多。

在进行农药残留分析时，由于样品中农药残留量极低，农残基质可能是地表水、土壤或动植物，这些基质中所含有的影响农残分析的杂质不同，采用常规方法进行农药残留提取后，还必须经过适当的净化和浓缩处理，才能进行测定。其中，样品净化是农药残留分析中难度最大且最重要的步骤，也是农药残留分析成败的关键。样品净化即通过必要的分离手段将样品中的杂质和待测组分进行分离，以消除样品基质中的杂质对农药残留量测定的干扰。常用的净化方法有：液-液分配法、柱色谱法、磺化法和凝结剂沉淀法等。

由于地表水中含有的杂质较少，因此，地表水中的精喹禾灵残留量测定直接将样品用二氯甲烷提取，浓缩后即可进样分析；而土壤和甘蓝中含有的杂质相对较多，必须采用柱色谱法对土壤和甘蓝中的二氯甲烷提取液进行净化处理后才能采用 HPLC 进行定量测定。

【仪器和试剂】

1. 循环水真空泵，旋转蒸发仪，双层大容量全温度恒温培养振荡器，柱色谱管，分液漏斗，高效液相色谱仪，带紫外检测器、柱温箱、色谱工作站，C_{18} 柱，超声波清洗器 1 台，溶剂过滤器 1 套。

2. 甲醇（色谱纯），二氯甲烷（分析纯），丙酮（分析纯），氯化钠（分析纯），弗罗里硅土，精喹禾灵标样（94.97%），二次蒸馏水，地表水，土壤，甘蓝。

【实验步骤】

1. 样品的前处理

(1) 地表水中精喹禾灵残留的提取净化　将待测水样过滤，去除不溶性固体杂质。准确量取待测水样 20.00mL，置于 250mL 分液漏斗中，加入 5mL 20% 的氯化钠溶液，摇匀，分别用 20mL、20mL、10mL 二氯甲烷萃取 3 次，每次 30min，合并二氯甲烷萃取相，在旋转蒸发仪上浓缩至近干；用甲醇溶解并定容至 5.00mL，过 0.45μm 滤膜，待 HPLC 检测，平行 3 次。

(2) 土壤中精喹禾灵残留的提取净化

准确称取经风干、研细和过筛后的土壤样品 10.0g，置于 250mL 具塞锥形瓶中，加入 30mL 丙酮，在恒温振荡器中振荡提取 30min，减压抽滤，再用少量丙酮分 3 次洗涤残渣和抽滤瓶，合并滤液，无损转入 250mL 具塞锥形瓶中，在旋转蒸发仪上浓缩至近干后，用 5mL 二氯甲烷-丙酮（3∶1，体积比）混合液溶解后，无损转移到弗罗里硅土净化柱中，用 30mL 二氯甲烷-丙酮（3∶1，体积比）混合液洗脱，收集全部洗脱液，置于旋转蒸发仪上浓缩近干，用色谱纯甲醇溶解并定容至 5.00mL，过 0.45μm 滤膜，待 HPLC 检测。平行三次。

(3) 甘蓝中精喹禾灵的提取净化

准确称取切碎的甘蓝样品 5.0g 若干份，剪碎，置于 250mL 具塞锥形瓶中，加入 40mL 丙酮试剂，在振荡器上振荡提取 30min，过滤，滤液浓缩至无丙酮。用二氯甲烷（共 40mL）分三次萃取水层中的精喹禾灵，收集二氯甲烷萃取层于旋转蒸发仪上浓缩近干。用 5mL 二氯甲烷-甲醇（5∶1，体积比）混合液溶解后，将无损转移入经 10mL 二氯甲烷-甲醇（5∶1，体积比）混合液预淋洗过的弗罗里硅土净化柱中（规格：150mm×20.0mm id.，两端各加 2cm 厚的无水硫酸钠，中间装填 6g 弗罗里硅土）。用 30mL 二氯甲烷-甲醇（5∶1，体积比）混合液洗脱，收集全部洗脱液，置于旋转蒸发仪上浓缩近干，用色谱纯甲醇溶解并定容至 10.00 mL，过 0.45μm 滤膜，待 HPLC 检测，平行三次。

2. 标准曲线的绘制

准确称取精喹禾灵标样用甲醇配制成一定浓度的母液，再用梯度稀释法配制成 0.01mg/L、0.05mg/L、0.10mg/L、0.50mg/L、1.00mg/L、2.00mg/L 和 5.00mg/L 的标准溶液，在选定的色谱操作条件下进样，以峰面积 y 与相应的质量浓度 x(mg/L) 作标准曲线，计算其回归方程。

3. 精密度和回收率测定

在地表水、土壤和甘蓝空白样品中，添加不同量的精喹禾灵标准溶液，分别设 3 个浓度水平，每个浓度水平重复 5 次，按上述方法进行样品提取、净化和浓缩处理后，进行 HPLC 分析，计算相对标准偏差和回收率。

4. 色谱操作条件

色谱柱：Hypersil-C_{18}柱，150mm×4.6mm id，5μm。

流动相：甲醇：水＝80：20（体积比），流速 0.6mL/min。

柱温：35℃。

进样量：20μL。

检测波长：236nm。

【数据处理】

按标准工作曲线的线性回归方程分别计算地表水、土壤、甘蓝中精喹禾灵的残留量。

【注意事项】

1. 样品前处理过程中，应注意防止精喹禾灵损失。特别注意在浓缩时，切不可将溶剂蒸干。

2. 柱色谱常用的吸附剂有氧化铝、硅胶、弗罗里硅土和活性炭等，应根据待净化物质的极性选择合适的吸附剂；改变淋洗剂的组成，可以获得特异的选择性。

【思考题】

1. 农药残留提取溶剂的选择依据是什么？

2. 柱色谱常用的吸附剂有哪些？实际应用时如何选择吸附剂和淋洗剂？

第12章 其他仪器分析法

实验五十 常见阴离子色谱分析

【实验目的】
1. 了解离子色谱仪的基本构造与一般使用方法。
2. 掌握利用离子色谱仪测定样品中常见阴离子的含量的方法。

【实验原理】
离子色谱法是以离子交换树脂为固定相，电解质溶液为流动相的液相色谱方法，常以电导检测器作为通用的检测器。

常见阴离子经过阴离子柱分离后，利用保留时间进行定性分析，利用峰面积进行定量分析。

【仪器和试剂】
1. ICS-90 型离子色谱仪，电导检测器，阴离子分析系统，微量注射器。
2. Na_2CO_3 溶液（8mmol/L），$NaHCO_3$ 溶液（1mmol/L），H_2SO_4 溶液（50mmol/L）。
3. Na_2SO_4、$NaNO_3$、$NaCl$、NaF 和 Na_3PO_4 标准贮备溶液。

【实验步骤】
1. 分别称取适量的 Na_2SO_4、$NaNO_3$、$NaCl$、NaF 和 Na_3PO_4 标准贮备溶液，用去离子水配成 SO_4^{2-}（15.0μg/L）、NO_3^-（10.0μg/mL）、Cl^-（3.0μg/L）、F^-（2.0μg/L）和 PO_4^{3-}（15.0μg/L）的标准溶液。
2. 定量系列标准溶液的配制：分别称取适量的 Na_2SO_4、$NaNO_3$、$NaCl$ 和 NaF，用去离子水配成含 SO_4^{2-}（150.0μg/L）、NO_3^-（100.0μg/L）、Cl^-（30.0μg/L）、F^-（20.0μg/L）和 PO_4^{3-}（150.0μg/L）的混合溶液。依次取 0.50mL、1.00mL、1.50mL、2.00mL 和 2.50mL 该混合溶液于 10mL 容量瓶中，用去离子水定容、摇匀，得定量系列标准溶液。
3. 待基线平直后，注入上述标准溶液 10μL，记录各组分的保留时间。
4. 注入上述定量系列标准溶液 10μL，记录各组分的保留时间和峰面积（或峰高）。
5. 注入样品溶液 10μL，记录各峰的保留时间和峰面积（或峰高）。
6. 实验结束后，冲洗色谱柱 1h 后，按要求关好仪器。

【数据处理】
1. 确定定量系列标准溶液和样品溶液所得色谱图中各色谱峰所代表的离子。
2. 用标准曲线法计算样品溶液中 SO_4^{2-}、NO_3^-、Cl^-、F^- 和 PO_4^{3-} 的浓度。

【注意事项】
1. 所用淋洗液必须过滤后方能使用。
2. 用微量注射器进样时，必须注意排除气泡。抽液时应缓慢上提针芯。若有气泡，可将注射器针尖向上，使气泡上浮后推出。
3. 实验完毕，必须冲洗柱子。

【思考题】

1. 离子色谱法与气相色谱法、高效液相色谱法相比有什么异同？
2. 双柱离子色谱法有什么优点？

实验五十一　核磁共振波谱法测定化合物的结构

【实验目的】

1. 了解核磁共振波谱法的基本原理和波谱仪的基本结构。
2. 掌握 AC-80 核磁共振波谱仪的使用方法。
3. 学习核磁共振谱图的解析方法。

【实验原理】

核磁共振现象是原子核磁矩在外加恒定磁场作用下，核磁矩绕此磁场做拉莫尔进动，若在垂直于外磁场的方向上是加一交变电磁场，当此交变频率等于核磁矩绕外场拉莫尔进动频率时，原子核吸收射频场的能量，跃迁到高能级，即发生所谓的谐振现象。由核磁共振波谱图上可以得到化合物 $C_4H_8O_2$ 各基团质子的化学位移、裂分峰的数目及偶合常数和积分线的高度等参数。对照基团的化学位移表和偶合常数表可判断化合物中的基团及相邻基团的质子排列情况，从而确定 $C_4H_8O_2$ 的结构。化学位移的产生是由于电子云的屏蔽作用，因此，凡能影响电子云密度的因素，均会影响化学位移值。如氢质子与电负性元素相邻接时，由于电负性元素对电子的诱导效应，使质子外电子云密度不同程度地减小，导致其化学位移值向低磁场强度方向移动，随着电负性元素的电性增加，向低磁场强度方向移动的距离就越大。

【仪器和试剂】

1. AC-80 核磁共振波谱仪；NMR 管，外径 5mm、10mm 各 1 支；标准样品管 1 支。
2. 四甲基硅烷（TMS）；氘代氯仿；未知样品。

【实验步骤】

1. 配制样品溶液：用氘代氯仿为溶剂，将未知试样配制成浓度为 5%～10% 的溶液，并加入少许 TMS，使其浓度约为 1%。
2. 认真阅读 NMR 仪的操作说明书，在教师的指导下，按操作步骤测试样品，记录其波谱图并扫描积分曲线。

【数据处理】

样品 NMR 波谱图：

编　号	$\delta/(mg/L)$	积分线高度	质子数	峰分裂数及特征
1.				
2.				
3.				

分子式为 $C_4H_8O_2$ 和 C_4H_{10}，结合上表推出其结构。

【注意事项】

1. 调节好磁场均匀性是提高仪器分辨率、做好实验的关键。为了调好匀场，首先，必须保证样品管以一样的转速平稳旋转。转速太高，样品管旋转时会上下颤动；转速太低，则影响样品所感受磁场的平均化。其次，匀场旋钮要交替、有序调节。第三，调节好相位旋钮，保证样品峰前峰后都在一条直线上。

2. 温度变化时会引起磁场漂移，所以记录样品谱图前必须及时检查 TMS 零点。

3. NMR 波谱仪是大型精密仪器，实验中必须特别仔细，以防损害仪器。

【思考题】

1. 化学位移是否随外加磁场而改变？为什么？

2. 波谱图的峰高是否能作为质子比的可靠量度？积分高度和结构有何关系？

3. 简述核磁共振的原理并回答什么是扫场法和扫频法？

实验五十二　油脂中脂肪酸的气相色谱-质谱联用分析

【实验目的】

1. 了解气相色谱-质谱联用仪的结构和功能。

2. 了解气相色谱-质谱联用仪测定油脂中脂肪酸的定性和定量方法。

【实验原理】

油脂中脂肪酸在气相色谱仪的测定温度范围内不能直接汽化，必须经过甲酯化之后才能被气相色谱所分离。汽化后的脂肪酸甲酯引入到离子源中发生电离，生成不同质荷比（m/z）的带正电荷离子，经加速电场的作用形成离子束，进入质量分析器，在其中再利用电场和磁场使其发生色散、聚焦，获得质谱图，从而确定不同离子的质量，通过解析，可获得有机化合物的分子式，提供其一级结构的信息。

【仪器和试剂】

1. 气相色谱-质谱联用仪。

色谱条件：柱温起始 40℃，恒温 1min 后，以 10℃/min 升温至 160℃，恒温 1min，再以 5℃/min 升温至 260℃，恒温 2min。进样口温度 200℃；载气为高纯氦气，流速为 1mL/min；分流比 10∶1；进样体积 1μL。

质谱条件：传输线温度为 200℃；EI 源；电子轰击能量 70eV；离子源温度 200℃；$50\sim650m/z$ 全扫描；试剂延迟 3min。

2. 水浴锅。

3. TR-1MS 毛细管柱。

4. 旋转蒸发仪。

5. 10mL 具塞试管。

6. 甲醇：甲苯溶液＝1∶1（均为色谱纯）。

7. KOH 的 CH_3OH 溶液（0.2mol/L）：称取分析纯 KOH 1.12g 至 100mL 容量瓶中，用色谱纯甲醇（CH_3OH）溶解，定容，备用。

8. 冰乙酸（分析纯）。

9. 三氯甲烷（分析纯）。

10. 市售棉籽油。

【实验步骤】

抽取棉籽油 10μL 至 10mL 具塞试管，加入 2mL 0.2mol/L KOH 的 CH_3OH 溶液、2mL 甲醇/甲苯溶液，塞上试管口，将试管置于 37℃水浴中 15min 后取出，加入 10mL 超纯水，8 滴冰乙酸；加入 10mL 三氯甲烷，摇晃 1min 后分液，连续 3 次；合并三氯甲烷相，无水硫酸钠脱水，减压蒸馏，转移至 2mL 容量瓶中，三氯甲烷定容，摇匀备用。在上述色谱质谱条件下上机检测。

【结果计算】

设定检索条件，在仪器自带谱库中检索所测样品中的各组分；确定组分的结构，用归一化法计算组分的相对含量。

【思考题】

1. 气相色谱-质谱联用仪由哪些部分组成？
2. 什么是归一化法，用归一化法定量有什么优缺点？

实验五十三　流动注射-分光光度法测定水中的痕量 Cr(Ⅲ) 和 Cr(Ⅵ)

【实验目的】

1. 了解流动注射分析（FIA）的基本原理及操作。
2. 学习 FIA 与其他技术的联用；掌握流动注射-分光光度法测定不同价态 Cr 的方法。

【实验原理】

1975 年，Ruzicka、Hansen 提出流动注射分析技术（flow injection analysis，FIA），随后其与化学发光、分光光度法等技术联用，在动力学测试领域获得了广泛的应用。Ruzicka 等在其专著"Flow Injection Analysis"第二版（1988 年）中将其定义为：向流路中注入一个明确的流体带，在连续非隔离载流中分散而形成浓度梯度，从此浓度梯度中获得信息的技术。流动注射本质而言属于一种自动进样技术；其显著的特点在于高度自动化及良好的过程重现性；与其他检测技术最常见的联用为流动注射-分光光度检测、流动注射-化学发光检测。

酸性介质（H_2SO_4）中，Cr(Ⅵ) 与二苯碳酰二肼（DPCI）发生络合，生成的产物对 540nm 可见光有最大吸收；在此波长下，仅 Hg^{2+} 对显色过程有干扰。因此可认为此显色反应是对 Cr(Ⅵ) 检测的特征反应。对于 Cr(Ⅲ)，首先用 $(NH_4)_2S_2O_8$ 将其氧化成 Cr(Ⅵ)，再加热分解过量的氧化剂，然后对生成的 Cr(Ⅵ) 进行 DPCI 显色测定，可获得良好结果。

根据上述原理，将含 Cr(Ⅵ)［或由 Cr(Ⅲ) 转化而来］的水样，以流动注射方式由 H_2SO_4、DPCI 混合液为载流带入紫外-可见分光光度计中；540nm 波长下，对生成的紫红色螯合物进行分光光度测定，系统流路图 12.1 所示。

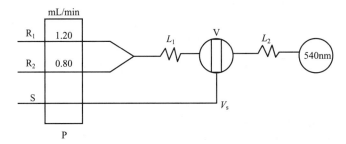

图 12.1　FIA-分光光度法测定 Cr(Ⅵ) 系统流路
R_1—DPCI 溶液；R_2—1mol/L H_2SO_4 溶液；S—待测溶液；P—蠕动泵；
V—进样阀；V_s—进样体积；L_1、L_2—混合管长度

【仪器和试剂】

1. 紫外-可见分光光度计。
2. 流动注射系统（蠕动泵，进样阀，聚四氟乙烯管路等）。
3. 常规玻璃器皿。
4. Cr(Ⅵ) 标准溶液：称取 0.2829g $K_2Cr_2O_7$（分析纯），用水溶解后，移入 100mL 容量瓶中，用水定容至刻度，得到 1.000g/L Cr(Ⅵ) 贮备液；使用时，再以水稀释为 100.0mg/L Cr(Ⅵ) 标准溶液。

5. 二苯碳酰二肼溶液：称取 0.2g 二苯碳酰二肼，溶于 50mL 丙酮中，加水稀释至 100mL，摇匀，贮于棕色瓶，置于冰箱中，色变深后不能使用。

6. 其他相关试剂均为分析纯。

【实验步骤】

1. Cr(Ⅵ) 的测定

按原理部分所示的 FIA-分光光度测定系统连接好实验所需流路，设置相关参数，如蠕动泵转速、采样体积（采样管长度）、混合管长度、光度计灵敏度、检测波长（540nm）等，以获得良好的重现性和灵敏度。

以 100.0mg/L Cr(Ⅵ) 标准溶液配制成间隔为 0.20mg/L 的 0～1.80mg/L 范围内的 10 个标准溶液系列，采用上述 FIA-分光光度流路测得各溶液的吸光度值，获得标准曲线。相同条件下，测得待测水样的吸光度值；对照标准曲线，求得 Cr(Ⅵ) 的含量。

2. 总 Cr 的测定

取 5.00mL 待测水样，置于 100mL 烧杯中，加入 10mL 蒸馏水和 0.01g $(NH_4)_2S_2O_8$，于电炉上加热煮沸 10min；冷却至室温后，定容至 25mL；按步骤 1. 相同方法测其中总 Cr 含量。

【数据处理】

1. 根据标准溶液系列的吸光度值绘制工作曲线。

2. 根据实验测得的水样的吸光度值，由标准曲线求得待测水样中 Cr(Ⅵ) 和总 Cr，两者之差为 Cr(Ⅲ) 的浓度。

3. 对结果进行分析讨论。

【注意事项】

1. 数据处理时，注意总 Cr 含量测定过程对待测水样的稀释（5 倍）。

2. 若待测水样中 Cr(Ⅲ) 含量较高，可适当增加 $(NH_4)_2S_2O_8$ 用量，并延长加热沸腾时间至 30min，进行总 Cr 含量的测定。

【思考题】

1. 该方法与一般分光光度法相比具有哪些优点？

2. 采样体积、混合管长度、蠕动泵转速等对实验结果有什么影响？应如何优化？

实验五十四　X 射线光谱法

【实验目的】

1. 了解 X 射线光谱分析法的基本原理。

2. 了解 X 射线荧光光谱法的基本操作技术。

3. 了解 X 射线荧光衍射光谱法的基本操作技术。

【实验原理】

X 射线是由于高能电子的减速运动或原子内层轨道电子跃迁所产生的短波电磁辐射。X 射线和可见光一样属于电磁辐射，但其波长比可见光短得多，在 10^{-6}～10nm 范围。X 射线光谱法常用波长为 0.01～2.5nm。由于 X 射线属于电磁波，所以能产生反射、折射、散射、干涉、衍射、偏振和吸收等现象。光谱分析法按应用的 X 射线的性质不同可以分为：X 射线荧光法、X 射线吸收法、X 射线衍射法。其中最常用的是 X 射线荧光法和 X 射线衍射法。

X 射线荧光法是当用 X 射线照射物质时，不仅会发生散射现象和吸收现象，还会发生特征 X 荧光射线，荧光的波长与元素的种类有关，据此可进行定性分析；荧光的强度与元素的含量有关，据此可进行定量分析。根据菲斯莱定律，各元素所发射的 X 荧光光谱波长

（λ）与该元素原子序数（Z）的定量关系为 $\lambda = K(Z-S)^{-2}$，式中 K、S 为常数。它可能是元素分析中最为有效的方法之一。但它也有局限性：不能分析原子序数小于 5 的元素；灵敏度不够高；对标准试样要求很严格。

X 射线照射到晶体上发生散射，其中衍射现象是 X 射线被晶体散射的一种特殊表现。晶体的基本特征是其微观结构（原子、分子或离子的排列）具有周期性，当 X 射线被散射时，散射波中与入射波波长相同的相干散射波会互相干涉，在一些特定的方向上互相加强，产生衍射线。在给定 X 射线的照射下，按照布拉格定律（$2d\sin\theta = \lambda$）进行衍射。根据研究对象的不同可以分为多晶粉末法和单晶衍射法。前者是用来确定立方晶的晶体结构的点阵形式、晶胞参数及简单结构的原子结构。后者则可以精确给出晶胞参数，还有晶体中成键原子的键长、键角等重要的结构化学数据。晶体衍射方法是目前研究晶体结构最有力的方法。

这些方法应用的仪器相差不大，都包括光源、入射辐射波长限定装置、试样台、辐射监测器或变换器、信号处理和读取器。也就是都必须经历：X 射线的产生、处理（波长等）、检测三个步骤。此外，还有 X 射线的防护。

【实验步骤】

1. X 射线荧光光谱法的基本操作技术

现将利用波长色散型 X 荧光仪进行试样定性分析的步骤介绍如下。

（1）设置实验条件

① 选择铑靶 X 光管；

② 设定 X 光管额定电压为 40～60kV；

③ 选择 X 射线的光路、分光晶体、检测器，参考如下：

定性元素	光　路	分光晶体	检　测　器
^9F, ^{11}Na	真空	邻苯二甲酸氢铊（TPA）	气流正比计数器（PC）
^{12}Mg	真空	磷酸二氢铵（ADP）	气流正比计数器（PC）
$^{13}Al\sim^{22}Ti$	真空	异戊四醇（PET）	气流正比计数器（PC）
$^{22}Ti\sim^{92}U$	真空（空气）	氟化锂（LiF）	闪烁计数器（SC）

④ 设定高波分析器：基线 1V 左右，高波窗口为 2V 左右；

⑤ 设定扫描范围和扫描速度，参考值如下：

项　目	元　素		扫描范围/(°)	测角仪速度/(°/min)	记录仪纸速/(cm/min)
单元素	主成分		−3～+3	4	2
	轻元素	痕量	−3～+3	1～1/4	1/2～1/4
	主成分		−2～+2	4	4
全分析	重元素	痕量	−2～+2	1～1/4	1～1/4
	轻元素		35～145	4	2
	重元素		10～90	4	4

（2）启动冷却水系统，采用去离子水为冷却水。

（3）启动高压电源，每挡启动后应稍停 0.5～1min，启动过程中电流、电压挡交替上升，直至电压和电流到额定数值。

（4）调节正比计数器的气体流量，要注意防止突然增大气流量，以免气流量突然增大，导致窗口破裂。

（5）将试样置于样品室后，立即关闭样品室。

（6）恒温过程，从开机至恒温需 2～4h。

（7）启动仪器扫描开关，绘制 2θ-I（I 是光强计数）的 X 荧光光谱图。

（8）关闭仪器时注意以下两点：

① 关闭高压时需逐步减小电流、电压直至为 0；

② 关闭高压时电源后，冷却水运行仍需保持 15min。

（9）将靶材料元素的谱线从谱图上标出，利用 2θ-I 谱线表对逐条谱线进行识别，记录相应的元素，并观察谱线的相对强度以区别干扰线。

（10）当某元素的几条特征 X 荧光谱线均已出现，并且强度关系亦正常时，则可判断有该元素存在。

2. X 射线衍射光谱法的基本操作技术

（1）设置实验条件

①CuK_α 线；②管压 40kV；③管流 40mA；④发散狭缝（D_S）加散射狭缝（S_S）宽度为 100mm；⑤接收狭缝（R_S）宽度为 0.15mm；⑥滤光片（镍片可滤去 CuK_β 线，得到 CuK_α 单色光）；⑦扫描范围（2θ）为 20°～120°；⑧扫描速度为 1°～8°/min；⑨计数率 1～10k/s。

（2）处理试样：用玛瑙研钵研磨试样至 1～10μm（325 目筛），将磨好的试样压入平板样品中，尽可能薄，用力不得过猛，以免引起择优取向；试样的表面与平板样品框架的表面要严格重合（误差＜0.1mm）。

（3）测试试样：将试样垂直插入样品台，关好衍射仪的防护玻璃罩，启动 X 射线衍射仪，仪器自动扫描，同时记录衍射曲线。

（4）从衍射曲线中选出 2θ＜90°的 3 条强衍射线和 5 条次强衍射线。用布拉格方程分别计算对应的晶面间距（d），并以最强的衍射线强度为 100，求出各衍射线的相对强度。

（5）利用 ASTM 索卡片找出晶体物质的化学式、名称及卡片的编号。

（6）复相分析的 X 射线曲线是试样中各相衍射曲线叠加的结果。复相分析的步骤为：

① 在总衍射曲线中找出某一相的各条衍射线；

② 在余下的衍射线中再找另一相的各条衍射线，以此类推，直至将全部衍射线均列入各相。

【思考题】

试比较 X 荧光与 X 衍射光谱法的实验原理和步骤有何异同？

第 13 章 实验数据的计算机处理和模拟

13.1 分析数据的统计处理

13.1.1 误差的定义及分类

13.1.1.1 误差的定义

一个物理量的确切数值称为真值，以 μ 表示。测量（或观察）值以 μ_0 表示，对有限次的测量，μ_0 称为真值的近似值。在理想情况下，μ_0 应等于 μ，但由于种种原因，如测量仪器、方法、环境及人的观察能力等，使 μ_0 和 μ 总是不相等，而存在一定的差值 d，通常把 d 称为误差，误差可为正值，也可为负值。

$$\mu_0 - \mu = d$$

13.1.1.2 误差的分类

按统计学的观点，误差可分为系统误差、随机误差和过失误差等。

① 系统误差是由分析方法、仪器、操作等方面的原因所引起的，从一系列的测量结果来看，有明显的定向偏离。这可以通过实验或数据分析的方法，查明其变化规律，确定其数值，然后予以修正或消除。

② 随机误差（或称偶然误差）是由很多无法估计的可变原因引起的。其变化规律无法确切地掌握，数值的大小及正负的出现都具有偶然性。所以，消除随机误差是不太可能的。但是，大量的随机误差服从统计学规律，因而可以平均地估计。在结定的置信概率下，可以估计出它的变化范围。

③ 过失误差是测定及运算过程中由于粗心大意或其他不正常原因所引起的，按统计规律不应出现；测量结果中有的明显地偏离测定系列中的其他数值，这种数据应予剔除。

上述分类是相对的。系统误差和随机误差的划分是随观察范围的大小、研究问题的目的以及对试验条件的控制能力等的差异而变化的。划分的目的是为了更好地确定误差的数值。因此，在需要和有可能确定误差的具体数值时，就按系统误差处理；在无法或不需要确知误差的具体数值时，就当随机误差处理。过失误差与数值大的随机误差之间也是没有明确界限的，而是随给出的置信水平而定，一般原则是：在一定的实验条件下，如果一个误差出现的概率比其不出现的概率小，则认为是过失误差。

13.1.2 精密度和准确度

13.1.2.1 精密度

精密度是指多次重复测量同一量时各测量值之间彼此相符合的程度，表征测量过程中随机误差的大小，常用标准偏差来表示。好的精密度是保证获得良好准确度的先决条件，测量精密度不好，就不可能有良好的准确度；反之，测量精密度好，准确度不一定好，这种情况表明测量中随机误差小，但系统误差较大，精密度同被测量的量值和浓度有关。因此，在报告精密度时，应该指明获得该精密度的被测量的量值和浓度大小。精密度分室内精密度和室间精密度，前者是指一个分析人员在同一条件下在短期内重复测量某一量所得到的测量值彼此之间相符合的程度；后者是指在不同实验室由不同分析人员在不同条件下重复测量某一量所得到的测量值彼此之间相符合的程度。单次测量的标准偏差 s 按式(13.1) 计算：

$$s = \sqrt{\dfrac{\sum\limits_{i=1}^{n}(x_i - \bar{x})^2}{n-1}} \tag{13.1}$$

式中，x_i 是单次测量值；$\bar{x}$ 是指 n 次测量的算术平均值（简称平均值）。平均值 $\bar{x}$ 的标准偏差 $s_{\bar{x}}$ 随测量次数 n 增多而减少，与单次测量标准偏差 s 的关系按下式计算：

$$s_{\bar{x}} = \dfrac{s}{\sqrt{n}} \tag{13.2}$$

单次测量的标准偏差的统计含义是指在 n 次测量中平均在每一次测量上的标准偏差。它是表征一组测量值离散性的特征参数，而不是指单独进行一次测量的标准偏差，因此一次测量无法计算标准偏差。

标准偏差的特点如下：

① 全部测量值都参与标准偏差的计算，充分利用了所得到的信息。

② 样本标准偏差的平方是样本方差，后者是总体方差的无偏估计值，用方差量度精密度是最有效的。

③ 对一组测量值中离散性大的测量值和异常情况反应灵敏。当一组测量中出现离散性大的测量值时，标准偏差随即明显变大。

13.1.2.2　准确度

准确度是指在一定条件下多次测量的平均值与真值相符合的程度。准确度表征系统误差的大小，以误差或相对误差表示，误差或相对误差越小，准确度越高。在实际工作中，通常用标准物质或标准方法进行对照试验，在无标准物质或标准方法时，常用加入被测定组分的纯物质进行回收试验来估计与确定准确度。值得特别注意的是，用回收试验的回收率来估计测定的准确度，只适用于系统误差随浓度改变的场合，而不能发现测定中的固定系统误差。在误差较小时，多次平行测定的平均值 $\bar{x}$ 接近于真值 μ，故在实际工作中常将 $\bar{x}$ 作为 μ 的近似估计值使用。

13.1.3　平均值

对同一物理量进行等精度重复测量，将其结果平均，所得的值即为平均值。当测量次数 $n \to \infty$ 时，则 $\sum\limits_{i=1}^{n} d_i = 0$，这时的平均值就极其接近真值，称为总体平均值 μ，常常作为实验值中的真值。平均值中最重要的是算术平均值和加权平均值。

13.1.3.1　算术平均值

所谓等精度测量，是指在同一实验室由同一分析人员、用同一分析仪器与方法，在短时间内对同一试样相继进行多次重复测量。其测量的算术平均值（简称平均值）$\bar{x}$ 是全部测量值之和除以测量次数。

在等精密度测量中，样本算术平均值 $\bar{x}$ 和方差 s^2 是 μ 和 σ^2 的最优估计值。设 x_1、x_2、x_3、$\cdots$、x_n 为每次测量值，n 为测量次数，其算术平均值（$\bar{x}$）按下式计算：

$$\bar{x} = \dfrac{x_1 + x_2 + x_3 + \cdots + x_n}{n} = \dfrac{\sum\limits_{i=1}^{n} x_i}{n} \tag{13.3}$$

经最小二乘法证明, 在一组等精度测量中, 其算术平均值为最可信赖值。

13.1.3.2 加权平均值 (又称广义平均值)

所谓不等精度测定是指在不同条件下对同一量进行的测量, 如同一分析人员在同一实验室内用不同仪器或在一个较长的时间内, 用同一分析方法对同一量进行的测量, 或在不同的实验室由不同分析人员用不同仪器, 在不同或相同的时间内用同一分析方法对同一量进行的测量。

在非等精度测量时, 样本加权平均值 $\bar{x}_w$ 及其标准偏差 s_w 是 μ 和 σ 的最优估计值。各测量值具有不同程度的可靠性, 计算平均值时, 对可靠性较大的数值应予以加权平均。

设 x_1、x_2、$x_3 \cdots x_n$ 为各测量值, w_1、w_2、$w_3 \cdots w_n$ 为各测量值的对应权, 其加权平均值 $\bar{x}_w$ 按下式计算:

$$\bar{x}_w = \frac{w_1 x_1 + w_2 x_2 + w_3 x_3 + \cdots + w_n x_n}{w_1 + w_2 + w_3 + \cdots + w_n} = \frac{\sum\limits_{i=1}^{n} w_i x_i}{\sum\limits_{i=1}^{n} w_i} \tag{13.4}$$

加权平均值为非等精度测定中的最可信赖值。测量试验的权与相应于它的标准偏差的平方成反比。加权平均值的单次测量的标准平均偏差按式(13.5)计算, 加权平均值的标准偏差按式(13.6)计算:

$$s_r = \sqrt{\frac{\sum\limits_{i=1}^{m} \sum\limits_{j=1}^{n_i} (x_{ij} - x_i)^2}{\sum\limits_{i=1}^{m} (n_i - 1)}} = \sqrt{\frac{\sum\limits_{i=1}^{m} \sum\limits_{j=1}^{n_i} x_{ij}^2 - \sum\limits_{i=1}^{m} \frac{1}{n} (\sum\limits_{j=1}^{n} x_{ij})^2}{\sum\limits_{i=1}^{m} n_i - m}} = \sqrt{\frac{\sum\limits_{i=1}^{m} f_i s_i^2}{\sum\limits_{i=1}^{m} f_i}} \tag{13.5}$$

$$s_w = \sqrt{\frac{1}{\sum\limits_{i=1}^{n} \frac{1}{s_i^2}}} \tag{13.6}$$

式(13.5)中, m 是参与并合标准偏差计算的数据组数目; n_i 是第 i 组内重复测定次数; $\bar{x}_i$ 是第 i 组所有测量值的均值; x_{ij} 是第 i 组第 j 项测量值; 自由度 $f_i = n_i - 1$。

式(13.6)中, 权值 $w_i = 1/s_i^2$, s_i^2 是测定 x_i 的标准偏差 s_i 的平方, 即方差。

13.1.4 有效数字及其运算规则

一个近似数, 其绝对误差的数值在此数的末位有一个单位或其下一位的误差不超过 ± 5 个单位范围之内时, 则以此近似数的第一个非零数字起, 直到最末一位数字为止的所有数称为有效数字。

有效数字指该数字在数中所代表数的大小, 而与小数点的位置无关。一个测量值的有效数字的位数, 决定着该测量值的精密度, 有效数字的位数不同, 精密度也就不同。在化学分析中, 所得数据不一定具有相同的精密度, 其处理原则如下。

① 记录测定数值时, 只保留最末一位为可疑数字。

② 当有效数字的位数确定后, 其余数字按下列办法舍弃。

a. 若被舍弃数字的第一位大于 5, 则于最末一位有效数字加 1, 小于 5 时, 则弃之不计。

b. 若被舍弃数的第一位等于 5, 则将被保留的最末一位有效数字变成偶数 (奇数加 1,

偶数不变)。

③ 在运算时,有关一些常数的有效位数,需要几位就取几位。若一个数的第一位有效数字是 8 或 9,则可多取一位。

④ 在小数的加减中,小数位数较多的,所保留的位数比参与运算的小数位数少的那一个多保留一位,其余即可弃去。计算出来的结果,其有效数字的位数,应与原来参与计算的那个位数最少的数相同。乘除法运算也一样。

⑤ 计算四个以上的数字的平均值时,平均值的有效数字位数可多取一位。对尚需作中间运算的数字应比单一运算的多保留一位有效数字。

13.1.5　分析数据的统计处理

在分析测试中,测量值是一个以概率取值的随机变量。而在大量重复试验中得到的测量值具有统计规律性。测量值的概率分布遵循正态分布,其期望值为 $E(x)=\mu$,方差为 $D(x)=\sigma^2$。正态分布的概率密度函数为:

$$\varphi(x)=\frac{1}{\sigma\sqrt{2\pi}}\exp\left[-\frac{(x-\mu)}{2\sigma^2}\right] \tag{13.7}$$

记为 $N(\mu,\sigma^2)$。由式(13.7)可以看到,当 μ 和 σ 已知时,概率分布就完全确定了,给定任意的 x 值,就可以确定该 x 值出现的概率。这就是说,全部测量值的概率分布就可以用 μ 和 σ 两个基本参数来表征它。μ 确定了概率分布中心在 x 轴的散布,表征测量值的离散特性。正态分布是大量观测所得到的测量值的理论分布曲线,但在实用上,当测量值数目大于 30 时,通常可用正态分布近似描述测量值和测定误差的分布特性。在有限次测定中,人们不可能获得总体的平均值 μ 和标准偏差 σ,但可以得到样本的平均值 $\bar{x}$ 和样本的标准偏差 s。如果样本的平均值 $\bar{x}$ 和样本的标准偏差 s 能够充分近似地代表总体平均值 μ 和总体标准偏差 σ,那么就可以用样本平均值 $\bar{x}$ 和样本的标准偏差 s 来表征全部测量值的分布特性。现在问题是 $\bar{x}$ 和 s 是否能充分近似地代表 μ 和 σ。数理统计理论已经证明:在等精度测量中,样本平均值 $\bar{x}$ 是一组测量值中出现概率最大的值,是 μ 的无偏估计值和具有最小方差的最优估计值,样本方差 s^2 是 σ^2 的无偏估计值,用 $\bar{x}$ 和 s 来分别代表 μ、σ 时没有系统误差,在不等精度测量时,样本加权平均值 $\bar{x}_w$ 是一组测量值中出现概率最大的值,是 μ 的无偏估计值和具有最小方差的最优估计值,样本加权平均值标准偏差 s_w 是 σ 的无偏估计值。因为样本平均值 $\bar{x}$ 和样本标准偏差 s 能够充分近似地代表总体平均值 μ 和总体标准偏差 σ,所以,在分析测试中,常用样本平均值和样本标准偏差来报告分析检测结果。

13.1.5.1　分析数据可靠性检验

(1) 异常值的判断与处理原则　在一组测量值中,有时个别的测量值比其余的测量值明显地偏大或偏小,称为离群值。若离群值位于在一定置信度下所允许的合理误差范围之外,此离群值为异常值。一般来说,在测量值遵循正态分布的条件下,合理误差范围是由 2 倍标准偏差或 3 倍标准偏差所构建的区间。测量值落在 2 倍标准偏差之外的事件,概率小于 5%,在统计学上称为小概率事件。它在一次测试中是不可能发生的。因为,将大于 2 倍标准偏差的测量值作为异常值。在国标 GB 4883—85 中规定,一组测量值中与平均值的偏差超过 2 倍标准偏差的测量值为异常值,指定为检出异常值的显著水平 $\alpha=0.05$,称为检出水平;将与平均值的偏差超过 3 倍标准偏差的测量值,称为高度异常的异常值,指定为检出高度异常的异常值的显著性水平 $\alpha=0.01$,称为舍弃水平,又称剔除水平。同时还规定,在处理数据时,应剔除高度异常的异常值。异常值是否剔除,视具体情况而定。而在分析测试中，在没有特殊说明的情况下，都将异常值剔除。

（2）异常值的判断与处理方法 检验异常值的方法因情况而有所不同。检验同一测量值中的异常值，常用的方法有以下几种方法。

① $4\bar{d}$ 法 $4\bar{d}$ 法适用于 4～8 次平行测量时可疑值的取舍。具体方法是，在一组数据中除去可疑值 x' 后，求出其余数值的平均值 $\bar{x}$ 和平均偏差 $\bar{d}$，如果 $|x'-\bar{x}|\geqslant 4\bar{d}$ 应弃去，否则，应予以保留 x'。

② 狄克松检验法 狄克松检验法主要用于在一组测量值中只有一个异常值的场合，用狄克松法检验异常值使用的统计量和临界值列于表 13.1 中。检验的具体步骤如下：

a. 将测量数据由小到大排列，$x_1, x_2, x_3, \cdots, x_{n-1}, x_n$；

b. 计算可疑值与最邻近数值之差 (x_2-x_1) 或 (x_n-x_{n-1})，按照相应测定次数下的统计量公式计算临界值 $\gamma_{\alpha,n}$ 值；

当 $3\leqslant n\leqslant 7$ 时

$$\gamma_{10}=\frac{x_n-x_{n-1}}{x_n-x_1}\ (x_n\ 为可疑值)；\quad \gamma_{10}=\frac{x_2-x_1}{x_n-x_1}\ (x_1\ 为可疑值)$$

当 $8\leqslant n\leqslant 10$ 时

$$\gamma_{11}=\frac{x_n-x_{n-1}}{x_n-x_2}\ (x_n\ 为可疑值)；\quad \gamma_{11}=\frac{x_2-x_1}{x_{n-1}-x_2}\ (x_1\ 为可疑值)$$

当 $11\leqslant n\leqslant 13$ 时

$$\gamma_{21}=\frac{x_n-x_{n-2}}{x_n-x_2}\ (x_n\ 为可疑值)；\quad \gamma_{21}=\frac{x_3-x_1}{x_{n-1}-x_2}\ (x_1\ 为可疑值)$$

c. 根据所要求的置信度查表 13.1，若计算的统计量值大于表 13.1 中相应显著性水平 α 和测量次数 n 时的临界值 $\gamma_{\alpha,n}$，则将可疑的测量值 x_d 判为异常值，应予以舍去，否则，应保留。

表 13.1 狄克松法检验的统计量和临界值

n	统计量	$\alpha=0.10$	$\alpha=0.05$	$\alpha=0.01$
3	$\gamma_{10}=\dfrac{x_n-x_{n-1}}{x_n-x_1};\gamma_{10}=\dfrac{x_2-x_1}{x_n-x_1}$	0.866	0.941	0.998
4		0.679	0.765	0.889
5		0.557	0.642	0.780
6		0.482	0.560	0.698
7		0.434	0.507	0.637
8	$\gamma_{11}=\dfrac{x_n-x_{n-1}}{x_n-x_2};\gamma_{11}=\dfrac{x_2-x_1}{x_{n-1}-x_2}$	0.479	0.554	0.683
9		0.441	0.512	0.635
10		0.409	0.447	0.597
11	$\gamma_{21}=\dfrac{x_n-x_{n-2}}{x_n-x_2};\gamma_{21}=\dfrac{x_3-x_1}{x_{n-1}-x_1}$	0.517	0.576	0.679
12		0.490	0.546	0.642
13		0.467	0.521	0.615

注：数据引自新编仪器分析实验，高向阳，2009。

③ 格鲁布斯检验法 格鲁布斯检验法可用于在一组测量值中有一个以上异常值的场合，并可用于异常值的连续检验和剔除。格鲁布斯法检验异常值使用的统计量为

$$G = \frac{|x_d - \bar{x}_n|}{s_n} \tag{13.8}$$

式中，$\bar{x}_n$ 和 s_n 分别为由 n 个测量值计算的平均值和标准偏差；x_d 是该组测量值中被怀疑为异常值的、待检验的离群值。检验离群值时可按下述 3 种不同情况处理。

a. 只有一个可疑值时，$x_1 < x_2 < x_3 < \cdots < x_{n-1} < x_n$，统计量计算公式如下：

$$G = \frac{|x_1 - \bar{x}_n|}{s_n} \ (x_1 \text{ 为可疑值}), \quad G = \frac{|x_n - \bar{x}_n|}{s_n} \ (x_n \text{ 为可疑值})$$

若计算的 G 值大于给定显著性水平 α 下的临界值 $G_{\alpha,n}$（见表 13.2），则可在置信度 $p = 1 - \alpha$ 水平判离群值 x_d 为异常值，应予舍去，否则，应保留。

表 13.2　格鲁布斯检验临界表值

n	$\alpha = 0.10$	$\alpha = 0.05$	$\alpha = 0.01$	n	$\alpha = 0.10$	$\alpha = 0.05$	$\alpha = 0.01$
3	1.14	1.15	1.15	10	2.03	2.17	2.41
4	1.42	1.46	1.49	11	2.08	2.23	2.48
5	1.60	1.67	1.74	12	2.13	2.28	2.55
6	1.72	1.82	1.94	13	2.17	2.33	2.60
7	1.82	1.93	2.09	14	2.21	2.37	2.65
8	1.90	2.03	2.22	15	2.24	2.40	2.70
9	1.97	2.11	2.32	16	2.27	2.44	2.74

注：本表引自新编仪器分析实验，高向阳，2009。

b. 若可疑值有两个以上，且在同一侧，如 x_1、x_2 同属可疑值，则首先检验最内侧的数据 x_2。若 x_2 属于可舍去的数据，则 x_1 自然应该舍去。检验 x_2 时，测定次数应做 $(n-1)$ 次计算，即按少了一次处理。若 x_2 不该舍去，再按上述情况 a. 检验 x_1 是否为可疑值。

c. 若可疑值有两个以上但分布在平均值的两侧，则应分别先后进行检验。如果有一个数据决定舍去，在检验另一个数据时，测量次数应按少一次处理，以此类推。此时，应选择显著性水平 $\alpha = 0.01$。

检验不同实验室、不同分析人员或相隔较长时间不同批次的实验数据中的异常值，不能使用各自的标准偏差来检验异常值，而应使用合并标准偏差来检验异常值。合并标准偏差 s_r，按加权式(13.5) 计算。

将 m 组数据中大于 2 倍标准偏差的测量值判为异常值。应特别指出的是，若分别用各组数据的标准偏差来检验各自数据内的异常值，则测量精密度好的数据组有可能被删去的数据多，而测定精密度差的数据组被保留的数据多，从而导致汇总的数据整体质量下降。

13.1.5.2　置信区间

前面曾经指出，测量值具有统计波动性。在正常的情况下，测量值统计波动的程度应该是多大？按照数理统计理论，在符合正态分布的前提下，当 $\bar{x} = \mu$ 为原点时，总体标准偏差为 σ。由式(13.7) 可以计算，测量值落在 $\bar{x} \pm \sigma$、$\bar{x} \pm 2\sigma$ 和 $\bar{x} \pm 3\sigma$ 范围内的概率分别为 68.3%、95.5% 和 99.7%，而测量结果误差大于 3σ 的概率只有 0.3%。也就是说，在 1000 次平行测量中，落在 $\bar{x} \pm \sigma$、$\bar{x} \pm 2\sigma$ 和 $\bar{x} \pm 3\sigma$ 范围内的次数分别为 683 次、955 次和 997 次，落在 $\bar{x} \pm 3\sigma$ 范围之外的只有 3 次。所以，通常认为大于 3σ 的误差已不属于偶然误差，这样的分析结果应该弃去。误差出现概率 68.3%、95.5% 和 99.7% 称为置信概率或置信度。在一定置信度下，以测量结果即本样本平均值 $\bar{x}$ 为中心，包括总体平均值 μ 在内的可靠性范围称为置信区间。对有限次测定，若以 s 代替 σ，则可按下式求出相应的置信区间：

$$\mu = \bar{x} \pm \frac{ts}{\sqrt{n}} \tag{13.9}$$

13.2　用最小二乘法处理标准曲线测量数据

分析数据的表示方式，依数据的特点和用途而定。不管采用什么方式表示数据，其基本要求是准确、明晰和便于应用。在分析测试中，常用的数据表示方法有列表法、图形表示法和数值表示法三种。3 种方法各有特点和适用场合。列表法是以表格形式表示数据，优点是列入的数据是原始数据，可以清晰地看出数据变化过程，亦便于日后对计算结果进行检查和复核；而且可以同时列出多个参数的数值，便于同时考察多个变量之间的关系，但占用篇幅较多。图形表示法的优点是简明、直观，可以将多条曲线同时描绘在同一图上，便于比较。在绘图时，坐标轴的分度要与使用的测量工具、仪器的精度相一致，分度应以便于从图形上读取任一点的数据为原则；通常用 x 轴代表可严格控制的或实验误差较小的自变量（如浓度或含量），y 轴代表因变量（仪器响应值）。用数值表示分析测量结果的优点是简练，大量的测定数据可以用平均值、标准偏差和测量次数等少数的特征参数来表征。其中最常用的是最小二乘法。

13.2.1　最小二乘法原理

在仪器分析中，绝大多数情况下都是相对测量，需要校正曲线进行定量，建立校正曲线就是基于偏差平方和达到极小的最小二乘原理，对若干个对应的数据 (x_1, y_1)，(x_2, y_2)，$\cdots$，(x_n, y_n) 用函数进行拟合。从作图的角度来说，就是根据平面上的一组离散点，选择适当的连续曲线近似地拟合这一组离散点，以尽可能完善地表示仪器响应值和被测量值之间的关系。

基于最小二乘原理，用回归分析建立仪器分析校正曲线，仪器响应值是具有概率分布的随机变量（因变量），被测定量为无概率分布的固定变量（自变量）。由校正曲线可以了解因变量和自变量的相互关系，并可根据各自变量的取值对因变量进行预测和控制。用最小二乘原理拟合回归曲线，其斜率 b 和截距 a 分别由下两式计算：

$$b = \frac{n \sum x_i y_i - \sum x_i \sum y_i}{n \sum x_i^2 - (\sum x_i)^2} \tag{13.10}$$

$$a = \bar{y} - b\,\bar{x} \tag{13.11}$$

所拟合的回归方程及建立的曲线在统计上是否有意义，可用相关系数 r 进行检验（见表 13.3）。相关系数 r 是表征变化量之间相关程度的一个参数，r 的绝对值在 $0 \sim 1$ 的范围内变动，r 值越大，表示变量之间的相关性越密切。当 y 随 x 增大而增大时，称为 y 与 x 正相关，r 为正值；当 y 随 x 增大而减小时，称为 y 与 x 负相关，r 为负值。相关系数按下式计算：

$$r = \frac{\sum (x_i - \bar{x})(y_i - \bar{y})}{\sqrt{\sum (x_i - \bar{x})^2 \sum (y_i - \bar{y})^2}} = \frac{n \sum x_i y_i - \sum x_i \sum y_i}{\sqrt{[n \sum y_i^2 - (\sum y_i)^2][n \sum x_i^2 - (\sum x_i)^2]}} \tag{13.12}$$

13.2.2　用最小二乘法处理标准曲线测量数据实例

最小二乘法的原理，是在等精度测量中，一组测量值的最佳值与各测量值的偏差的和为最小，现以光度法说明最小二乘法的含义和应用。

表 13.3　相关系数临界值 $r_{0.05, f}$

$f = n-2$	$r_{0.05, f}$	$f = n-2$	$r_{0.05, f}$	$f = n-2$	$r_{0.05, f}$	$f = n-2$	$r_{0.05, f}$
1	0.997	6	0.704	11	0.553	16	0.468
2	0.950	7	0.666	12	0.532	17	0.456
3	0.878	8	0.632	13	0.514	18	0.444
4	0.811	9	0.602	14	0.479	19	0.433
5	0.754	10	0.576	15	0.482	20	0.423

当液层厚度一定、用蒸馏水（或试剂空白）作参比溶液时，朗伯-比耳定律定量公式可写成：

$$A = a + bc$$

这是一直线方程，a 为截距，b 为斜率。

设有 n 个实验点 (c_1, A_1)，(c_2, A_2)，$\cdots$ (c_n, A_n)，按最小二乘法原理，经过推导，可得到以下联立方程式：

$$\begin{cases} nb + \sum\limits_{i=1}^{n} c_i k = \sum\limits_{i=1}^{n} A_i \\ \sum\limits_{i=1}^{n} c_i b + \sum\limits_{i=1}^{n} c_i^2 k = \sum\limits_{i=1}^{n} c_i A_i \end{cases} \tag{13.13}$$

解此联立方程式，即可确定 a、b，从而画出 $A = a + bc$ 的直线。

例：绘制一条测定的校正曲线，测得 6 个点的数据如下，画出最佳的校正曲线。

测量次数 n	1	2	3	4	5	6
$c/(\mu g/mL)$	5	10	15	20	25	30
吸光度 A	0.064	0.130	0.215	0.270	0.335	0.386

$$\sum_{i=1}^{n} c_i = 5 + 10 + 15 + 20 + 25 + 30 = 105$$

$$\sum_{i=1}^{n} c_i^2 = 5^2 + 10^2 + 15^2 + 20^2 + 25^2 + 30^2 = 2275$$

$$\sum_{i=1}^{n} A_i = 0.064 + 0.130 + 0.215 + 0.270 + 0.335 + 0.386 = 1.400$$

$$\sum_{i=1}^{n} c_i A_i = 5 \times 0.064 + 10 \times 0.130 + 15 \times 0.215 + 20 \times 0.270 + 25 \times 0.335 + 30 \times 0.386 = 30.20$$

分别代入式(13.13)，得到：

$$\begin{cases} 6a + 105b = 1.400 \\ 105a + 2275b = 30.20 \end{cases}$$

解此联立方程式，得到：$a = 0.0058$，$b = 0.013$，故最佳曲线方程为：

$$A = 0.0058 + 0.013c$$

根据此方程式作图，得到最佳曲线，如图 13.1 所示（图中的点为实验点）。

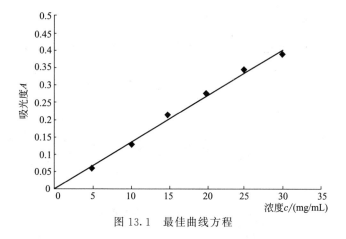

图 13.1　最佳曲线方程

13.3　实验部分

实验五十五　利用 Excel 软件处理实验数据

【实验目的】

1. 掌握利用计算机处理数据的方法。

2. 掌握 Office 办公软件的使用方法。

【实验原理】

Excel 是目前办公软件中比较流行的软件。它的统计分析功能包括算术平均值、加权平均值、方差、标准差、协方差、相关系数、统计图形、随机抽样、参数点估计、区间估计、假设检验、方差分析、移动平均、指数平滑和回归分析等。

【仪器和试剂】

386 以上微机，Microsoft Office 2003 及以上版本的办公软件。

【实验步骤】

1. 点击 Microsoft Office 2003 软件，选择下拉菜单中的 Microsoft Excel 2003。

2. 点击"工具"菜单中的下拉菜单中的"数据分析"，依照以下步骤操作。

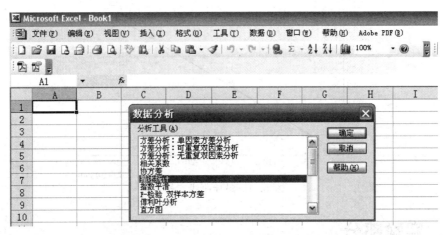

3. 选择"描述统计"对话框

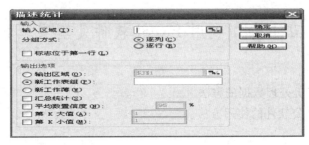

（1）输入区域　在此输入待分析数据区域的单元格引用。该引用必须有两个或两个以上按列或行组织的相邻数据区域组成。

（2）分组方式　如果需要指出输入区域中的数据是按行还是按列排列，请单击"逐行"或"逐列"。

（3）标志位于第一行/列　如果输入区域的第一行包含标志项，请选中"标志位于第一行"复选框；如果输入区域的第一列中包含标志项，请选中"标志位于第一列"复选框；如果输入区域没有标志项，则该复选框不会被选中，Microsoft Excel 将会在输出表中生成适宜的数据标志。

（4）平均数置信度　如果需要在输出表中的某一行中包含均值的置信度，请选中此复选框，然后在右侧的编辑框中，输入所要使用的置信度。例如，数值 95% 可用来计算在显著性水平为 5% 时的均值置信度。

（5）第 K 大值　如果需要在输出表中的某一行中包含每个区域的数据的第 K 个最大值。如果输入 1，则这一行将包含数据集中的最大数值。

（6）第 K 小值　如果需要在输出表中的某一行中包含每个区域的数据的第 K 个最小值。如果输入 1，则这一行将包含数据集中的最小数值。

（7）输出区域　对输出表左上角单元格的引用。此工具将成为每个数据集，产生两列信息。左边一列包含统计标志项，右边一列包含统计值。根据所选择的"分组方式"选项的不同，Microsoft Excel 将会在输出表中的每一行或每一列生成一个两列的统计表。

（8）新工作表组　单击此选项，可在当前工作簿中插入新工作表，并由新工作表的 A1

单元格开始粘贴计算结果。如果需要给新工作表命名，请在右侧编辑框中键入名称。

（9）新工作簿　单击此选项，可创建一新工作簿，并在新工作簿的新工作表中粘贴计算结果。

（10）汇总统计　如果需要 Microsoft Excel 在输出表中生成下列统计结果，请选中此复选框。这些统计结果有：平均值、标准误差（相对平均值）、中位数、众数、标准偏差、方差、峰度、偏度、极差（区域）、最小值、最大值、总和、观测数（总个数）和置信度。

4. 协方差和相关系数在 Microsoft Excel 中的计算

（1）协方差　协方差分析工具及其公式用于返回各数据点的一对均值偏差之间的乘积的平均值。协方差是测量两组数据相关性的量度：

$$cov(x,y)=\frac{1}{n}\sum(x_i-\mu_x)(y_i-\mu_y)$$

可以使用协方差工具来确定两个区域中数据的变化是否相关，即一个集合的较大数据是否与另一个集合的较大数据相对应（正协方差）；或者一个集合的较小数据是否与另一个集合的较大数据相对应（负协方差）；还是两个集合中的数据互不相关（协方差为零）。

① 协方差对话框如下。

② 输入区域　在此输入待分析数据区域的单元格引用。该引用必须由两个或两个以上按列或行组织的相邻数据区域组成。

③ 操作步骤

a. 选择数据分析对话框中的"协方差"，跳出"协方差"对话框。

b. 在"输出区域"编辑框中键入数据所在的单元格区域引用（＄A＄1：＄C＄9）。

c. 单击"逐列"选项。

d. 选中"标志位于第一行"选项。

e. 在"输出选项"下单击"新工作表组"选项，并在对应编辑框中输入新工作表的名称，如"协方差分析结果"。

f. 单击"确定"。

g. 数据输出在新创建的工作表"协方差分析结果"中的区域。

（2）相关系数　相关系数分析工具及其公式可用于判断两组数据集（可以使用不同的度量单位）之间的关系。总体相关性计算的返回值为两组数据集的协方差除以它们标准偏差的乘积：

$$\rho_{x,y}=\frac{cov(x,y)}{\sigma_x\sigma_y}$$

其中

$$\sigma_x^2 = \frac{1}{n}\sum(x_i - \mu_x)^2, \ \sigma_y^2 = \frac{1}{n}\sum(y_i - \mu_y)^2$$

可以使用相关系数分析工具来确定两个区域中数据的变化是否相关，即一个集合的较大数据是否与另一个集合的较大数据相对应（正相关）；或者一个集合的较小数据是否与另一个集合的较大数据相对应（负相关）；还是两个集合中的数据互不相关（相关性为零）。

①"相关系数"对话框

② 输入区域　在此输入待分析数据区域的单元格引用。该引用必须由两个或两个以上按列或行组织的相邻数据区域组成。

③ 操作过程　在数据分析对话框中选择"相关系数"后，跳出"相关系数"对话框。在"输入区域"编辑框中输入数据所在的单元格区域引用，单击"逐列选项"，选中"标志位于第一行"选项。在"输出选项"下单击"新工作表组"选项，并在对应编辑框中输入新工作表的名称，如"相关分析结果"，单击确定。

数据输出在新创建的工作表"相关分析结果"中的区域，变量相互之间相关系数非常接近于 1，说明变量之间存在较显著的相关关系。

5. 利用 Microsoft Excel 作图和线性回归的方法

Microsoft Excel 具有可对原始数据进行汇总列表、数据处理、统计计算、绘制图表、回归分析及验证多项功能。用 Microsoft Excel 绘图和线性回归非常便捷。现将利用 Microsoft Excel 2003 绘图和线性回归的操作步骤简介如下。

（1）利用 Microsoft Excel 绘制散点图　散点图是观察两个变量之间关系程度最为直观的工具之一，利用 Excel 的图表向导，可以非常方便地创建并且改进一个散点图，也可以在一个图表中同时显示两个以上变量之间的散点图。可按如下步骤建立变量 x-y、x-z 的散点图。

已知数据如下所示:

	A	B	C
1	x	y	z
2	5	0.064	6.4
3	10	0.13	130
4	15	0.21	215
5	20	0.27	270
6	25	0.33	335
7	30	0.38	386
8	35	0.46	460
9	40	0.52	520
10	45	0.59	590
11	50	0.66	660
12	55	0.72	720

① 拖动鼠标选定数值区域 A1: C12, 不包括数据上面的标志项。将自变量 x、因变量 z 等拖入指定区域。

② 选择 "插入" 菜单的 "图表" 子菜单, 进入 "图表向导"。

③ 选择 "图表类型" 为 "散点图", 然后单击 "下一步"。

④ 确定用于制作图表的数据区。Excel 将自动把前面所选定的数据区的地址放入图表数据区内。

⑤ 在此例之中, 需要建立两个系列的散点图, 一个是 x-y 系列的散点图, 一个是 x-z 系列的散点图, 因此, 必须单击 "系列" 标签, 确认系列1 的 "x 值" 方框与 "数值方框" 分别输入 x、y 数值的范围, 在系列 2 的 "x 值" 方框与 "数值方框" 分别输入 x、z 数值的范围。在此例中, 这些都是 Excel 已经默认的范围, 所以, 可忽略第五步, 直接单击 "下一步" 即可。

⑥ 填写图标标题为 "x-y 与 x-z 的散点图", x 轴名称为 "x"、y 轴名称为 "y/z", 单击 "下一步"。

⑦ 选择图标输出的位置, 然后单击 "完成", 即生成下列图表。

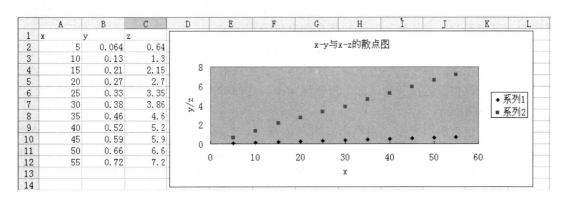

结果说明: 如上图所示, Excel 中可同时生成两个序列的散点图, 并分别以两种颜色显示。通过散点图可观察出两个变量的关系, 为变量之间建立模型做准备。

(2) 利用 Microsoft Excel 进行线性回归

① 按照上述介绍所需类型的散点图。

② 鼠标移至图中的任一实验点, 点击左键, 则出现该点的 x、y 轴的坐标值; 点击右键, 并选择 "添加趋势线"、在出现的 "类型" 页中选择 "线性", 在 "选项" 页中选择 "显

示公式"和显示"R 平方值"。

③ 在完成上述全部选择后，点击确定，在屏幕上会立即显示出线性回归所得到的直线，该直线的数字表达式和相关系数 R 的平方值。

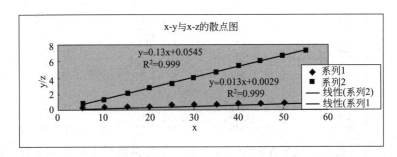

实验五十六　计算机模拟

【实验目的】

1. 掌握各种仪器的基本装置。

2. 掌握气相色谱仪、紫外分光光度计、原子吸收光谱仪及自动电位滴定仪的基本操作和影响实验效果的各种因素。

【实验原理】

参看各种仪器的基本原理。

【实验仪器】

386 以上微机，《仪器分析》多媒体课件。

【模拟实验操作步骤】

1. 启动仪器分析课件的主界面

用鼠标单击实验室门，输入密码：yqfx99，即可进入主界面。此界面四个模拟实验：色谱实验、光谱实验、紫外分光光度计和自动电位滴定实验。

用鼠标双击所选实验室门，屏幕上即显示各种仪器的图片。

在主界面左侧的两个图标分别为：连续演示各种仪器图片和开始播放录像，右侧的两个图标为：实验模拟和退出实验图标。当把鼠标指向各图标时，即可显示各图标的功能。

2. 进行模拟实验

（1）气相色谱模拟实验　用鼠标双击色谱室门，当仪器演示完毕后，用鼠标单击右侧"进入实验模拟"图标，出现对话框，单击"是"，进入气相色谱分析实验，用鼠标单击实验室门，出现对话框后，单击"开始实验"，进入气相色谱模拟实验界面。单击该界面最上一行"帮助"菜单，选择"目录"，目录内有气相色谱仪的介绍及其基本原理、操作步骤。可用鼠标单击每行文字前的图标查看各项内容，单击"后退"键可回到上级界面。单击"气相色谱仿真模拟课件使用说明"图标，按说明进行模拟实验。当完成模拟实验后单击"结束实验"键，进入测试系统。测试完毕后单击"结束实验"键，即可退回主界面。

具体操作步骤如下：

步骤 1. 点击 windows95 开始菜单中的程序/仪器分析，运行后双击色谱实验室门，再点击模拟实验开始按钮。如果安装的是单独气相色谱子课件可直接运行。

步骤 2. 封面出现后约数秒，出现登录窗口，选择各项登录参数（也可不选）。

步骤 3. 点击"开始实验"按钮（也可点击"退出程序"按钮，返回演示主窗口），开始运行仪器主窗口。

步骤 4. 仪器主窗口出现后，移动鼠标到各按钮和仪器各旋钮、各部件，稍停（注意此时不要点击鼠标），在鼠标指针下面出现功能说明标签，可方便地了解各部分功能。

步骤 5. 用鼠标右键点击图标工具条中的操作"指示按钮"，再次用鼠标右键按住"指示按钮"（声音结束前不要松开），播放第一步操作指示，依次重复，播放后续操作，也可跳过第 5 项直接按第 6 项操作。

步骤 6. 点击载气流程图标出现仪器剖面，点击 H_2 阀按钮，开始演示载气流程。

步骤 7. 红色线画完后，再次点击这两个按钮复原。

步骤 8. 下面给出一个最基本的仪器操作顺序，首先点击色谱仪柱室门按钮，打开柱室，熟悉色谱柱和检测器（如果希望观察组分分离情况，可先不关闭柱室门，仪器实际操作时应关闭柱室门进行分析，点击打开的柱室门可关门）。

步骤 9. 点击 H_2 按钮（变灰）。

步骤 10. 调节载气稳压阀，载气点击鼠标右键，增加载气流量至 30mL/min。

步骤 11. 用鼠标点击"仪器总电源开关"，指示灯亮。

步骤 12. 用鼠标点击"柱加热开关"，指示灯亮。

步骤 13. 将鼠标移动到"柱加热开关"上，点击鼠标右键增加柱温（选定 100℃），仪器最左边出现温度计，观察柱温上升。

步骤 14. 用鼠标点击"气化室加热电源开关"，指示灯亮。

步骤 15. 用鼠标左右键选择气化室温度，将鼠标移动到"气化室加热调节钮"上，点击鼠标右键，观察主机右上角黑框中的气化温度指示在 180℃。

步骤 16. 用鼠标点击"检测器电源"开关，打开检测器，指示灯亮。

步骤 17. 点击记录仪门右边拉手，打开记录仪门。

步骤 18. 点击开关和纸速。

步骤 19. 点击打开的记录仪门，关闭。

步骤 20. 点击菜单项中的实验选择相，点击"液体分析"分析。

步骤 21. 打开菜单项中的分离柱选择，选择 GDX（分离柱室中的柱标签为 1 号）。

步骤 22. 打开菜单相中的试样选择相，选择液体样品/醇类/混合醇。

步骤 23. 点击工具条中的红色试样瓶，图标仪器右上角出现两个小瓶，有盖子的为试样，无盖的为废液瓶。

步骤 24. 点击工具条中的液体进样器图标界面中出现液体进样器。

步骤 25. 用键盘方向键控制进样器移动（如果不移动，用鼠标点击进样器后，再用方向键来控制）。

步骤 26. 将进样器对准试样瓶，针尖插入液体部分。

步骤 27. 移动鼠标到进样器拉杆帽上，点击左键，吸样。可多次点击。

步骤 28. 用键盘方向键（向上键）向上移动进样器，离开试样瓶。

步骤 29. 向左移动到进样器上方，对正进样器中心圆点。

步骤 30. 向下插到底。

步骤 31. 移动鼠标到进样器拉杆帽上，点击"右键"进样。

步骤 32. 分离开始（如果柱室门打开，可观察到运行分离过程）。

步骤 33. 打开记录仪门，点击转轮，可上下调整色谱图。

步骤 34. 点击进样器后，再用键盘方向键移动进样器，重复进样。

步骤 35. 也可改变条件后，再次进样，观察变化。

步骤 36. 点击工具条上的谱图按钮进入谱图处理窗口，色谱图打开，了解色谱图标注方法。

步骤 37. 点击清除按钮。

步骤 38. 点击谱图重画按钮。

步骤 39. 可选择"水平放大"，"纵向放大"参数后，重画谱图。注意先清除后重画。

步骤 40. 点击返回实验按钮，返回仪器主窗口。

步骤 41. 点击看书的图标，打开联机帮助。

步骤 42. 点击写字图标进入测验窗口，测试结束后，点击结束实验，进入实验学习结果窗口。

步骤 43. 点击结束按钮，结束。

（2）紫外分光光度计模拟实验

步骤 1. 进入实验模拟界面后，点击仪器的电源开关按钮。

步骤 2. 点击比色室盖子（打开），预热仪器。

步骤 3. 点击菜单条的"实验选择"，点击"铁含量测量"。

步骤 4. 点击菜单条的"比色皿选择"，点击"1cm"。

步骤 5. 点击菜单条的"试样选择"，选定一种试样。

步骤 6. 点击 1♯ 比色皿，按提示操作，试样浓度输入"0"（参比），放入 1 号槽。

步骤 7. 点击 2♯ 比色皿，按提示操作，试样浓度输入"1"（标准），放入 2 号槽。

步骤 8. 双击比色皿架子（放入比色室）。

步骤 9. 将鼠标移到波长选择旋钮（λ）上，用左右键选定波长在 470nm。

步骤 10. 将鼠标移到调零旋钮（0）上，用左右键调节 $T=0$（注意打开比色室门）。

步骤 11. 点击比色室盖子（关闭）。

步骤 12. 将鼠标移到（100）旋钮上，用左右键调节 $T=100\%$。

步骤 13. 将鼠标移到拉杆钮上，点击鼠标左键（拉出一格，标样进入光路）。

步骤 14. 读取并记录数据。

步骤 15. 将鼠标移到拉杆钮上，点击鼠标右键（复位，参比进入光路）。

步骤 16. 重复步骤 8~14，依次选定波长为 480nm、490nm、500nm、510nm、520nm、530nm。

步骤 17. 点击比色室盖子（打开）。

步骤 18. 点击比色室中的比色皿架子（黑色部分），将比色皿架子取出。

步骤 19. 分别点击 3♯，4♯ 比色皿，按提示操作，分别输入浓度 2，3。

步骤 20. 分别点击 3♯，4♯ 比色皿，按提示操作，分别放入 3，4 号槽中。

步骤 21. 双击比色皿架子（放入比色室）。

步骤 22. 选定波长在 510nm，按前述操作步骤 9~11 调节 $T=0$ 和 $T=100\%$。

步骤 23. 依次点击拉杆钮，使 2♯，3♯，4♯，进入光路，记录数据。

步骤 24. 将比色皿架子放回原处。

步骤 25. 点击原比色皿位置处虚线方框（比色皿回到原处）。

步骤 26. 点击各比色皿，按提示操作，倒掉比色皿中的溶液。

步骤 27. 将仪器复原，打开其他工具软件（如 Word），处理数据。

步骤 28. 需要查阅资料或其他帮助，按 F1 键或打开帮助菜单。

步骤 29. 点击测试按钮图标，进入测试界面，得到模拟实验成绩。

（3）自动电位滴定模拟实验

步骤 1. 打开菜单的"选择实验"选择 pH 测量。

步骤 2. 打开菜单的"电极选择"选择电极，正确连接。

步骤 3. 打开菜单的"器皿选择"选择换新烧杯。

步骤 4. 打开菜单的"试剂选择"选择 pH4.3 标准溶液。

步骤 5. 将电极插入烧杯中适当位置。

步骤 6. 打开电位计开关，按下读数按钮，显示 pH。

步骤 7. 调节定位旋钮，使电位计指示为 4.01，定位。

步骤 8. 关闭电位计，抬高电极夹。

步骤 9. 打开菜单的"器皿选择"选择换新烧杯。

步骤 10. 打开菜单的"试剂选择"选择试样溶液 1♯。

步骤 11. 将电极插入烧杯中适当位置。

步骤 12. 打开电位计开关，按下读数按钮，显示 pH，记录。

步骤 13. 同样用 pH＝9.18 的标准溶液定位，测定试样溶液 2♯。

步骤 14. 将参比电极收回，玻璃电极浸泡在水溶液中。

步骤 15. 关闭仪器。

（4）原子吸收模拟实验

实验练习 1. 试样中铅含量的测定

步骤 1. 打开课件，进入仪器界面窗口，熟悉仪器。将鼠标移动到仪器各按钮上（不要点击），出现作用说明标签，了解各部件功能。

步骤 2. 打开实验选择菜单，选取铅含量测定。

步骤 3. 打开试剂选择菜单，选取铅试样。

步骤 4. 点击仪器左上部打开灯室盖子。

步骤 5. 点击灯体，出现灯参数显示板。

步骤 6. 打开灯选择菜单，选择铅灯。

步骤 7. 观察灯参数显示板上的参数是否是所需要的。

步骤 8. 打开仪器左边灯电源开关，调节电流旋钮使电流指示表在 12mA。

步骤 9. 打开仪器右边电源开关，调节增益旋钮使毫伏表指示在绿区。

步骤 10. 调节波长快速按钮和波长调节轮，使波长与灯参数一致。

步骤 11. 点击灯参数显示板。点击灯室盖子，关闭灯室盖子。

步骤 12. 点击仪器右上部两个气瓶开关。

步骤 13. 分别调节两个稳压阀。乙炔压力表应指示在红区。

步骤 14. 将仪器中下部面板上的四个气体开关打开。

步骤 15. 点击点火按钮，开始燃烧。

步骤 16. 分别调节两种气体的流量，使燃/助比等于 1∶4。

步骤 17. 调节增益旋钮使毫伏表指示在绿区。

步骤 18. 点击雾化器下面的两个旋钮，调节火焰位置。

步骤 19. 打开试剂选择菜单，选取去离子水。

步骤 20. 将鼠标移动到小量筒上，观察出现的小标签指示是否正确。

步骤 21. 点击调零按钮，吸光度显示为零。

步骤 22. 打开试剂选择菜单，选取标准溶液 1，记录吸光度数值。

步骤 23. 打开试剂选择菜单，选取标准溶液 2，记录吸光度数值。

步骤 24. 打开试剂选择菜单，选取标准溶液 3，记录吸光度数值。

步骤 25. 打开试剂选择菜单，选取标准溶液 4，记录吸光度数值。

步骤 26. 打开试剂选择菜单，选取铅试样，记录吸光度数值。

步骤 27. 关闭各个开关按钮。

步骤 28. 绘制标准曲线。

实验练习 2. 试样中铜含量的测定　步骤同上，选择铅含量测定实验、铅试剂及铅灯。

实验练习 3. 试样中镁含量的测定　步骤同上，选择镁含量测定实验、镁试剂及镁灯。

3. 退出实验场景

单击主界面上最右侧"退出实验"图标，出现对话框，单击"是"，即退出实验。

【数据处理】

完成仪器分析计算机模拟实验报告。

附　　录

附录一　pH标准缓冲溶液的组成和性质

溶液名称	标准物质分子式	质量摩尔浓度/(mol/kg)	浓度/(mol/L)	溶质的量/(g/L)	溶液密度/(g/mL)	稀释值$\Delta pH \frac{1}{2}$	缓冲值β/(mol/pH)	温度系数(dpH/dt)/(pH/℃)
四草酸三氢钾	$KH_3(C_2O_4)_2 \cdot H_2O$	0.05	0.04962	12.61	1.0032	+0.186	0.07	+0.001
25℃饱和酒石酸氢钾	$KHC_4H_4O_6$	0.0341	0.034	>7	1.0036	+0.049	0.027	−0.0014
邻苯二甲酸氢钾	$KHC_8H_4O_4$	0.05	0.04958	10.12	1.0017	+0.052	0.016	−0.0012
磷酸氢二钠磷酸二氢钾	Na_2HPO_4 KH_2PO_4	0.025 0.025	0.0249 0.0249	3.533 3.387	1.0028	+0.080	0.029	−0.0028
磷酸氢二钠磷酸二氢钾	Na_2HPO_4 KH_2PO_4	0.03043 0.008695	0.03032 0.008665	4.303 1.179	1.0020	+0.07	0.016	
硼砂	$Na_2B_4O_7 \cdot 10H_2O$	0.01	0.009971	3.80	0.9996	+0.01	0.020	−0.0082
碳酸钠碳酸氢钠	Na_2CO_3 $NaHCO_3$	0.025 0.025		2.092 2.640		+0.079	0.029	−0.0096
25℃饱和氢氧化钙	$Ca(OH)_2$	0.0203	0.02025	>2	0.9991	−0.28	0.09	−0.033

附录二　极谱半波电位（25℃）

电活性物质	底液	价态变化	$E_{1/2}$(vs. SCE)/V
Al^{3+}	0.2mol/L Li_2SO_4,5×10^{-3}mol/L H_2SO_4	3→0	−1.64
As(Ⅲ)	1mol/L HCl	3→0 0→−3	−0.43 −0.60
Bi(Ⅲ)	1mol/L 酒石酸钠,0.8mol/L NaOH	3→5	−0.31
	1mol/L HCl,0.01%明胶	3→0	−0.09
	0.1mol/L NaOH,0.01%明胶	3→0	−1.00
$[CdCl_x]^{2-x}$	3mol/L HCl	2→0	−0.70
$[Cd(NH_3)_x]^{2+}$	1mol/L $NH_3 \cdot H_2O$,1mol/L NH_4Cl	2→0	−0.81
$[Co(NH_3)_6]^{3+}$	2.5mol/L $NH_3 \cdot H_2O$,0.1mol/L NH_4Cl	3→2	−0.53

续表

电活性物质	底 液	价态变化	$E_{1/2}$(vs. SCE)/V
$[Co(NH_3)_5H_2O]^{2+}$	1mol/L $NH_3 \cdot H_2O$,1mol/L NH_4Cl	2→0	−1.32
Co^{2+}	1mol/L KCl	2→0	−1.3
Cr^{3+}	1mol/L K_2SO_4	3→2	−1.02
$[Cr(NH_3)_x]^{2+}$	1mol/L $NH_3 \cdot H_2O$,1mol/L NH_4Cl,0.005% 明胶	3→2 2→0	−1.42 −1.70
$[Cu(NH_3)_2]^+$	1mol/L $NH_3 \cdot H_2O$,1mol/L NH_4Cl	1→2 1→0	−0.25 −0.54
Cu^{2+}	0.5mol/L H_2SO_4,0.01%明胶	2→0	0.00
Fe^{3+}	0.5mol/L 柠檬酸钠,0.05mol/L NaOH,0.005% 明胶	3→2 2→0	−0.87 −1.62
Fe^{3+}	0.1mol/L HCl	3→2	+0.52 (Pt 电极)
$[Fe(C_2O_4)_3]^{3-}$	0.05mol/L $Na_2C_2O_4$,NaClO,pH5.6	3→2	−0.27
Fe^{2+}	1mol/L KCl	2→0	−1.30
H^+	0.1mol/L KCl	1→0	−1.58
Hg_2Cl_2	0.1mol/L $Na_2C_2O_4$,5×10^{-3} mol/L H_2SO_4,1×10^{-3} mol/L Cl^-	1→0	0.25
$[InCl_x]^{3-x}$	1mol/L HCl	3→0	−0.60
K^+	0.1mol/L 四甲基氯化铵	1→0	−2.13
Mg^{2+}	四甲基氯化铵	2→0	−2.20
Mn^{2+}	0.1mol/L KCl	2→0	−1.50
Mo(Ⅳ)	0.5mol/L H_2SO_4	6→5 5→3	−0.29 −0.84
Na^+	0.1mol/L 四甲基氯化铵	1→0	−2.10
Ni^{2+}	$HClO_4$,pH 0~2	2→0	−1.1
$[Ni(NH_3)_6]^{2+}$	1mol/L $NH_3 \cdot H_2O$,0.2mol/L NH_4Cl	2→0	−1.06
$[Ni(吡啶)_6]^{2+}$	1mol/L $NH_3 \cdot H_2O$,0.5mol/L 吡啶,0.01%明胶	2→0	−0.78
O_2	缓冲介质,pH 1~10	0→−1 −1→−2	−0.05 −0.94
$[PbCl_x]^{2-x}$	1mol/L HCl	2→0	−0.44
Pb-柠檬酸	1mol/L 柠檬酸钠,0.1mol/L NaOH	2→0	−0.78
S^{2-}	0.1mol/L KOH 或 NaOH	→HgS	−0.76
Sb(Ⅲ)	1mol/L HCl,0.01%明胶	3→0	−0.15
Sn^{4+}	1mol/L HCl,4mol/L NH_4Cl,0.005%明胶	4→0 2→0	−0.25 −0.52
Ti^{4+}	0.1mol/L 酒石酸	4→3	−0.38
Tl^+	0.02mol/L KCl,0.004%明胶	1→0	−0.45
UO_2^{2+}	0.1mol/L HCl	6→5 5→3	−0.18 −0.94
Zn^{2+}	1mol/L KCl,1mol/L $NH_3 \cdot H_2O$,1mol/L NH_4Cl,0.005%明胶	2→0 2→0	−1.02 −1.35

附录三 KCl 溶液的电导率[①]

$t/℃$	$c/(mol/L)$			
	1.000[②]	0.1000	0.0200	0.0100
0	0.06541	0.00715	0.001521	0.000776
5	0.07414	0.00822	0.001752	0.000896
10	0.08319	0.00933	0.001994	0.001020
15	0.09252	0.01048	0.002243	0.001147
16	0.09441	0.01072	0.002294	0.001173
17	0.09631	0.01095	0.002345	0.001199
18	0.09822	0.01119	0.002397	0.001225
19	0.10014	0.01143	0.002449	0.001251
20	0.10207	0.01167	0.002501	0.001278
21	0.10400	0.01191	0.002553	0.001305
22	0.10594	0.01215	0.002606	0.001332
23	0.10789	0.01239	0.002659	0.001359
24	0.10984	0.01264	0.002712	0.001386
25	0.11180	0.01288	0.002765	0.001413
26	0.11377	0.01313	0.002819	0.001441
27	0.11574	0.01337	0.002873	0.001468
28		0.01362	0.002927	0.001496
29		0.01387	0.002981	0.001524
30		0.01412	0.003036	0.001552
35		0.01539	0.003312	
36		0.01564	0.003368	

① 电导率单位为 S/m。

② 在空气中称取 74.56 g KCl，溶于 18 ℃水中，稀释到 1L，其浓度为 1.000mol/L（密度 1.0449g/cm^3），再稀释得其他浓度的溶液。

附录四 无限稀释时常见离子的摩尔电导率（25℃）

正离子	$\lambda_{m,+}^{\infty}/(10^{-2}S \cdot m^2/mol)$	负离子	$\lambda_{m,-}^{\infty}/(10^{-2}S \cdot m^2/mol)$
H^+	3.4982	OH^-	1.98
Tl^+	0.747	Br^-	0.784
K^+	0.7352	I^-	0.768
NH_4^+	0.734	Cl^-	0.7634
Ag^+	0.6192	NO_3^-	0.7144
Na^+	0.5011	ClO_4^-	0.68
Li^+	0.3869	ClO_3^-	0.64
Cu^{2+}	1.08	MnO_4^-	0.62
Zn^{2+}	1.08	$HClO_3^-$	0.4448
Cd^{2+}	1.08	Ac^-	0.409
Mg^{2+}	1.0612	$C_2O_4^{2-}$	0.480
Ca^{2+}	1.190	SO_4^{2-}	1.596
Ba^{2+}	1.2728	CO_3^{2-}	1.66
Sr^{2+}	1.1892	$[Fe(CN)_6]^{3-}$	3.030
La^{3+}	2.088	$[Fe(CN)_6]^{4-}$	4.420

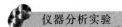

附录五　原子吸收分光光度法中常用的分析线

元素	λ/nm	元素	λ/nm	元素	λ/nm
Ag	328.07,338.29	Hg	253.65	Ru	349.89,372.80
Al	309.27,308.22	Ho	410.38,405.39	Sb	217.58,206.83
As	193.64,197.20	In	303.94,325.61	Sc	391.18,402.04
Au	242.80,267.60	Ir	209.26,208.88	Se	196.06,203.99
B	249.68,249.77	K	766.49,769.90	Si	251.61,2501.69
Ba	553.55,455.40	La	50.13,418.73	Sm	429.67,520.06
Be	234.86	Li	670.78,323.26	Sn	224.61,286.33
Bi	223.06,222.83	Lu	35.96,328.17	Sr	460.73,407.77
Ca	422.67,239.86	Mg	285.21,279.55	Ta	271.47,277.59
Cd	228.80,326.11	Mn	279.48,403.68	Tb	432.65,431.89
Ce	520.0,369.7	Mo	313.26,317.04	Te	214.28,225.90
Co	240.71,242.49	Na	589.00,330.30	Th	371.90,380.30
Cr	357.87,359.35	Nb	334.37,358.03	Ti	364.27,337.15
Cs	852.11,455.54	Nd	463.42,471.90	Tl	267.79,377.58
Cu	324.75,327.40	Ni	232.00,341.48	Tm	409.40
Dy	421.17,404.60	Os	290.91,305.87	U	351.46,358.49
Er	400.80,415.11	Pb	216.70,283.31	V	318.40,385.58
Eu	459.40,462.72	Pd	247.64,244.79	W	255.14,294.74
Fe	248.33,352.29	Pr	495.14,513.34	Y	410.24,412.83
Ga	287.42,294.42	Pt	265.95,306.47	Yb	398.80,346.44
Gd	368.41,407.87	Rb	780.02,794.76	Zn	213.86,307.59
Ge	265.16,275.46	Re	346.05,346.07	Zr	360.12,301.18
Hf	307.29,286.64	Rh	343.49,339.69		

附录六　原子吸收分光光度法中的常用火焰

火焰类型	火焰温度/℃	燃烧速度/(cm/s)	火焰特性及应用
空气-乙炔	2300	160	火焰燃烧稳定,重现性好,噪声低,安全简单。对大多数元素具有足够的灵敏度,可分析约35种元素。但对波长小于230nm的辐射有明显的吸收,对易形成难熔氧化物的元素 B、Be、Y、Sc、Ti、Zr、Hf、V、Nb、Ta、W、Th、U 以及稀土元素等原子化效率较低
氧化亚氮-乙炔	2955	180	火焰温度高,具有强还原性气氛,适用于难原子化元素的测定,可消除在其他火焰中可能存在的某些化学干扰,可测定70多种元素。但操作较复杂,易发生爆炸,在某些波段内具有强烈的自发射,使信噪比降低,此外对许多被测元素易引起电离干扰
空气-氢气	2050	320	氢火焰具有相当低的发射背景和吸收背景,适用于共振线位于紫外区域的元素(如 As、Se 等)分析
空气-丙烷	1935	82	干扰效应大,适用于那些易挥发和解离的元素,如碱金属和 Cd、Cu、Pb 等

附录七　红外光谱的九个重要区段

波数/cm⁻¹	波长/μm	振 动 类 型
3750～3000	2.7～3.3	ν_{OH}、ν_{NH}
3300～2900	3.0～3.4	ν_{CH}（—C≡C—H 、Ar—H、R_2C=C—H），极少数可到 2900cm⁻¹
3000～2700	3.3～3.7	ν_{CH}（ —CH_3、—CH_2—、R_3C—H、—CHO ）
2400～2100	4.2～4.9	$\nu_{C≡C}$ 、$\nu_{C≡N}$
1900～1650	5.3～6.1	$\nu_{C=O}$（醛、酮、酸、酯、酸酐、酰胺）
1675～1500	5.9～6.2	$\nu_{C=C}$（脂肪族及芳香族）、$\nu_{C=N}$
1475～1300	6.8～7.7	δ_{C-H}（R_3C—H）（面外）
1300～1000	7.7～10.0	ν_{C-O}、ν_{C-O-O}、ν_{C-N}（醇、醚、胺）
1000～650	10.0～15.4	$\delta_{C=C-H}$,Ar—H（面外）

附录八　气相色谱常用固定液

固定液名称	商品名称	最高使用温度/℃	溶剂	分析对象
角鲨烷	SQ	150	乙醚、甲苯	（非极性标准固定液）分离一般烃类及非极性化合物
阿皮松 L	APL	300	苯、氯仿	高沸点非极性有机化合物
甲基硅橡胶	SE-30JXR Silicone	300	氯仿	高沸点弱极性化合物
邻苯二甲酸二壬酯	DNP	160	乙醚、甲醇	芳香族化合物,不饱和化合物以及各种含氧化合物（醇、醛、酮、酸、酯等）
β,β-氧二丙腈	ODPN	100	甲醇、丙酮	分离醇、胺、不饱和烃等极性化合物
聚乙二醇(1500～20000)	PEG (1500～20000) Carbowax	80～200	乙醇、氯仿、丙酮	醇、醛、酮、脂肪酸、酯及含氮官能团等极性化合物。对芳香烃有选择性

附录九　气相色谱相对质量校正因子（f）[②]

物质名称	TCD	FID	物质名称	TCD	FID
一、正构烷			2-甲基戊烷	0.92	0.95
甲烷	0.58	1.03	3-甲基戊烷	0.93	0.96
乙烷	0.75	1.03	2-甲基己烷	0.94	0.98
丙烷	0.86	1.02	3-甲基己烷	0.96	0.98
丁烷	0.87	0.91	三、环烷		
戊烷	0.88	0.96	环戊烷	0.92	0.96
己烷	0.89	0.97	甲基环戊烷	0.93	0.99
庚烷[①]	0.89	1.00*	环己烷	0.94	0.99
辛烷	0.92	1.03	甲基环己烷	1.05	0.99
壬烷	0.93	1.02	1,1-二甲基环己烷	1.02	0.99
二、异构烷			乙基环己烷	0.99	0.97
异丁烷	0.91				
异戊烷	0.91	0.95	环庚烷		0.99
2,2-二甲基丁烷	0.95	0.96			
2,3-二甲基丁烷	0.95	0.97			

续表

物质名称	TCD	FID	物质名称	TCD	FID
四、不饱和烃			九、酸		
乙烯	0.75	0.98	乙酸		4.17
丙烯	0.83		丙酸		2.50
异丁烯	0.88		丁酸		2.09
1-正丁烯	0.88		己酸		1.58
1-戊烯	0.91		庚酸		1.64
1-己烯		1.01	辛酸		1.54
乙炔		0.94	十、酯		
五、芳香烃			乙酸甲酯		5.0
苯①	1.00*	0.89	乙酸乙酯	1.01	2.64
甲苯	1.02	0.94	乙酸异丙酯	1.08	2.04
乙苯	1.05	0.97	乙酸正丁酯	1.10	1.81
间二甲苯	1.04	0.96	乙酸异丁酯		1.85
对二甲苯	1.04	1.00	乙酸异戊酯	1.10	1.61
邻二甲苯	1.08	0.93	乙酸正戊酯	1.14	
异丙苯	1.09	1.03	乙酸正庚酯	1.19	
正丙苯	1.05	0.99	十一、醚		
联苯	1.16		乙醚	0.86	
萘	1.19		异丙醚	1.01	
四氢化萘	1.16		正丙醚	1.00	
六、醇			乙基正丁基醚	1.01	
甲醇	0.75	4.35	正丁醚	1.04	
乙醇	0.82	2.18	正戊醚	1.10	
正丙醇	0.92	1.67	十二、胺与腈		
异丙醇	0.91	1.89	正丁胺	0.82	
正丁醇	1.00	1.52	正戊胺	0.73	
异丁醇	0.98	1.47	正己胺	1.25	
仲丁醇	0.97	1.59	二乙胺		1.64
叔丁醇	0.98	1.35	乙腈	0.68	
正戊醇		1.39	正丁腈	0.84	
2-戊醇	1.02		苯胺	1.05	1.03
正己醇	1.11	1.35	十三、卤素化合物		
正庚醇	1.16		二氯甲烷	1.14	
正辛醇		1.17	氯仿	1.41	
正癸醇		1.19	四氯化碳	1.64	
环己醇	1.14		1,1-二氯乙烷	1.23	
七、醛			1,2-二氯乙烷	1.30	
乙醛	0.87		三氯乙烯	1.45	
丁醛		1.61	1-氯丁烷	1.10	
庚醛		1.30	1-氯戊烷	1.10	
辛醛		1.28	1-氯己烷	1.14	
癸醛		1.25	氯苯	1.25	
八、酮			邻氯甲苯	1.27	
丙酮	0.87	2.04	氯代环己烷	1.27	
甲乙酮	0.95	1.64	溴乙烷	1.43	
二乙基酮	1.00		1-溴丙烷	1.47	
3-己酮	1.04		1-溴丁烷	1.47	
2-己酮	0.98		2-溴戊烷	1.52	
甲基正戊酮	1.10		碘甲烷	1.89	
环戊酮	1.01		碘乙烷	1.89	
环己酮	1.01				

续表

物质名称	TCD	FID	物质名称	TCD	FID
十四、杂环化合物			十五、其他		
四氢呋喃	1.11		水	0.70	氢焰无信号
吡咯	1.00		硫化氢	1.14	氢焰无信号
吡啶	1.01		氨	0.54	氢焰无信号
四氢吡咯	1.00		二氧化碳	1.18	氢焰无信号
喹啉	0.86		一氧化碳	0.86	氢焰无信号
哌啶	1.06		氩	0.22	氢焰无信号
			氮	0.86	氢焰无信号
			氧	1.02	氢焰无信号

① 基准；f_g 也可用 f_m 表示。

② 摘自：顾蕙详，阎宝石. 气相色谱实用手册. 第 2 版. 北京：化学工业出版社，1990，513~517。由原文献［J Chromatogr，1973，11（5）；237］换成苯的 f 为 1 而得（原文献虽然以苯为基准，但苯的 $f=0.78$）。载气为氢气。

注：校正因子各书符号不一致，通常用校正因子校准时，峰面积与校正因子相乘；用灵敏度（S）校准时，峰面积除以灵敏度。$S=1/f$ 或 $S'=100/f$。

附录十　高效液相色谱固定相与应用

（1）全多孔硅胶

类型		代号	粒度/μm	比表面积/(m²/g)	孔径/nm	生产厂
1. 无定形硅胶		YWG	3~5	300	<10	青岛海洋化工厂
			5~7			
			7~10			
		LiChrosorb SI-60	5,10	550	6	E. Merk
		Patisil 5	5	400	4~5	Reeve Angel
2. 球形硅胶		YQG	3,5,7			青岛海洋化工厂
		μ-Porasil	10	400		Waters
		Adsorbosphers-HS*	3,5,7	350	6	Alltech
		Spherisorb	3,5,10	220	8	Harwell
		Nucleosil-100	3,5,7	350	10	Marchercy-Nagel

（2）化学键合相（只介绍以全多孔硅胶作载体的固定相）

种类与型号	键合基团	载体	形状	粒度/μm	覆盖率/%	生产厂
一、化学键合基团						
1. 非极性键合相						
YWG-C$_{18}$H$_{37}$	—Si(CH$_2$)$_{17}$CH$_3$	YWG	无定形	10±2	11	天津试剂二厂
Micropak CH	—Si(CH$_2$)$_{17}$CH$_3$	LiChrosorb SI-60	无定形	5,10	22	Varian
μ-Bondapak-C$_{18}$	—Si(CH$_2$)$_{17}$CH$_3$	μ-Porasil	球形	10	10	Waters
Zorbax-ODS	—Si(CH$_2$)$_{17}$CH$_3$	Adsorbospher	球形	5~7		DuPont
Adsorbsphere HS-C$_{18}$	—Si(CH$_2$)$_{17}$CH$_3$	Spherisorb	球形	3,5,7	20	Alltech
Spherisorb ODS-1	—Si(CH$_2$)$_{17}$CH$_3$	YWG	球形	3,5,10	6	Phase Serpration
YWG-C$_6$H$_5$	—Si(CH$_2$)$_{17}$C$_6$H$_5$	LiChrosorb	无定形	10	6	天津试剂二厂
LiChrosorb RP8	—Si(CH$_2$)$_{17}$CH$_3$	Adsorbospher	无定形	10	13~14	E. Merk
Adsorbosphere C$_8$	—Si(CH$_2$)$_{17}$CH$_3$	Spherisorb	球形	3,5,7	8	Alltech
Spherisorb C$_8$	—Si(CH$_2$)$_{17}$CH$_3$		球形	3,5,10	6	Phase Serpration
2. 极性键合相						
YWG-CN	—Si(CH$_2$)$_2$CN	YWG	无定形	10	8	天津试剂二厂

种类与型号	键合基团	载体	形状	粒度/μm	覆盖率/%	生产厂
Micropak-CN	—Si(CH₂)₂CN	LiChrosorb	无定形	10		Varian
Adsorbosphere CN	—Si(CH₂)₂CN	Adsorbsphere	球形	5,10		Alltech
Spherisorb CN	—Si(CH₂)₂CN	Spherisorb	球形	3,5,10		Phase Sepration
YWG-NH₂	—Si(CH₂)₂NH₂	YWG	无定形	10	10	天津试剂二厂
μ-Bondapak NH₂	—Si(CH₂)₂NH₂	μ-Porasil	球形	10		Waters
LiChrosorb NH₂	—Si(CH₂)₂NH₂	LiChrosorb	无定形	5,10		E. Mark
二、离子交换色谱						
1. 强酸性阳离子交换剂						
YWG-SO₃H	—(CH₂)₂C₆H₄ —SO₃H	YWG	无定形	10	7	天津试剂二厂
Zorbax SCX	—SO₃H		球形	6～8	(5000)	DuPont
Nucleosil SA	—SO₃H		球形	5,10	(1000)	Macherey-Nagel
2. 强碱性阴离子交换剂						
YWG-R₄NCl	—[N(CH₃)₂—CH₂C₆H₅]⁺Cl⁻	YWG	无定形	10	7	天津试剂二厂
Zorbax SAX	—NR₃⁺		球形	6～8	(1000)	DuPont
Nucleosil SB	—NMe₃⁺Cl⁻		球形	5,10	(1000)	Macherey-Nagel

注：1. 固定相的孔径与比表面积等同载体。覆盖率项下括号中数值为交换容量（μmol/L）。

2. SCX：strong acid type cation exchanger；SAX：strong base type anion exchanger；SA：strong acid type（cation）；SB：strong base（anion）。

3. 各种化学键合相，特别是离子交换剂，只举少数几个，了解了载体的性质引入不同官能团，可以组成各种化学键合相，可以起到举一反三的效果。

（3）各种固定相的主要应用

固定相	色谱类型	各种流动相①	分析对象（参考）
1. 硅胶	吸附色谱(ISC)	烷烃加极性调整剂	各类稳定分子型化合物,分离几何异构体更有效
2. 十八烷基键合相	(1)RLLC	甲醇-水或乙腈-水	各类分子型化合物
	(2)RPIC	在 RLLC 溶剂中加 PIC 试剂并调至一定的 pH 值	各类有机酸、碱、盐及两性化合物
	(3)ISC	在 RLLC 溶剂中加少量的弱酸、弱碱或缓冲盐并调至一定的 pH 值	3.0≤pKa≤7.0 的有机弱酸与 7.0≤pKa≤8.0 的有机弱碱及两性化合物
3. 苯基键合相	RLLC	甲醇-水或乙腈-水	效果与 ODS 类似,但表面极性稍强
4. 醚基键合相	NLLC 或 RLLC	同 LSC 同 RLLC	在用于 NLLC 时,分离苯酚异构体较好
5. 氰基键合相	NLLC(多用)或 RLLC	同 LSC 同 RLLC	各类弱极性至极性化合物
6. 氨基键合相③	(1)RLLC	乙腈-水	糖类分析等
	(2)NLLC	同 LSC	同氰基键合相
7. 阳离子交换剂(SCX)	(1)IEC	缓冲溶液(一定的 pH 值及离子强度)	阳离子、生物碱、氨基酸及有机碱等
	(2)IC(抑制柱②为SAX)	HCl 溶液	阳离子分析(主要是无机阳离子)
8. 阴离子交换剂(SAX)	(1)IEC	同上 IEC	阴离子、有机酸等
	(2)IC(抑制柱②为SCX)	NaOH 溶液	阴离子分析(主要是无机阴离子)
9. 凝胶	(1)GFC	水溶液	水溶性高分子,如蛋白制剂、人工代血浆等
	(2)GPC	有机溶剂	橡胶、塑料及化纤等

① 只举常用简单流动相。

② 离子色谱法需两根色谱柱,一根为分析柱,另一根为抑制柱,二者相反。抑制柱串联在分析柱与检测器之间,其目的是交换通过分析柱后剩余离子,使流动相变为水,以降低流动相本底信号。

③ 也有人认为氨基柱属于吸附色谱。

附录十一　高效液相色谱法常用流动相的性质

(1) 常见溶剂的极性参数 P' 与分子间作用力

溶剂	P'	X_e	X_d	X_n	组别	溶剂	P'	X_e	X_d	X_n	组别
正戊烷	0.0	—	—	—	—	乙醇	4.3	0.51	0.19	0.29	II
正己烷	0.1	—	—	—	—	乙酸乙酯	4.4	0.34	0.23	0.43	VI
环己烷	0.2	—	—	—	—	甲乙酮	4.7	0.35	0.22	0.43	VI
二硫化碳	0.3	—	—	—	—	环己酮	4.7	0.36	0.22	0.42	VI
四氯化碳	1.6	—	—	—	—	苯腈	4.8	0.31	0.27	0.42	VI
三乙胺	1.9	0.56	0.12	0.32	I	丙酮	5.1	0.35	0.23	0.42	VI
丁醚	2.1	0.44	0.18	0.38	I	甲醇	5.1	0.48	0.22	0.31	II
异丙醚	2.4	0.48	0.14	0.38	I	硝基乙烷	5.2	0.28	0.29	0.43	VII
甲苯	2.4	0.25	0.28	0.47	VII	二缩乙二醇	5.2	0.44	0.23	0.33	III
苯	2.7	0.23	0.32	0.45	VII	吡啶	5.3	0.41	0.22	0.36	III
乙醚	2.8	0.53	0.13	0.34	I	甲氧基乙醇	5.5	0.38	0.24	0.38	III
二氯甲烷	3.1	0.24	0.18	0.53	V	三缩乙二醇	5.6	0.42	0.24	0.34	III
苯乙醚	3.3	0.28	0.28	0.44	VII	苯甲醇	5.7	0.40	0.30	0.30	IV
1,2-二氯乙烷	3.5	0.30	0.21	0.49	V	乙腈	5.8	0.31	0.27	0.42	VI
异戊醇	3.7	0.56	0.19	0.25	II	乙酸	6.0	0.39	0.31	0.30	IV
苯甲醚	3.8	0.27	0.29	0.43	VII	丁丙酯	6.5	0.34	0.26	0.40	VI
异丙醇	3.9	0.55	0.19	0.26	II	氧二丙腈	6.8	0.31	0.29	0.40	VI
正丙醇	4.0	0.53	0.21	0.26	I	乙二醇	6.9	0.43	0.29	0.28	IV
四氢呋喃	4.0	0.38	0.20	0.42	III	二甲亚砜	7.2	0.39	0.23	0.39	III
叔丁醇	4.1	0.56	0.20	0.24	II	四氟丙醇	8.6	0.34	0.36	0.30	VIII
二苄醚	4.1	0.30	0.28	0.42	VII	二甲基甲酰胺	9.6	0.36	0.33	0.30	IV
氯仿	4.1	0.25	0.41	0.33	VIII	水	10.2	0.37	0.37	0.25	VIII

(2) 参考物与被检溶剂间的作用力关系

参考物	乙醇(质子给予体)	二氧六环(质子受体)	硝基甲烷(强偶极)
被检溶剂 作用力类型	质子受体作用力 (X_e)	质子给予作用力 (X_d)	强偶极作用力 (X_n)

(3) Snyder 的溶剂选择性分组 (部分)

组别	溶 剂	组别	溶 剂
I	脂族醚、四甲基脲、六甲基磷酰胺(三烷基胺)	VI	(a)三甲苯基磷酸酯、脂肪酮和酯、聚醚、二 烷
II	脂肪醇		(b)砜、腈、碳酸亚丙酯
III	吡啶衍生物、四氢呋喃、酰胺(甲酰胺除外)、亚砜	VII	芳烃、卤代芳烃、硝基化合物、芳醚
IV	乙二醇、苄醇、乙酸、甲酰胺	VIII	氟代醇、间甲酚、水、氯仿
V	二氯甲烷、氯化乙烯		

(4) 反相洗脱溶剂的强度因子 S 值

溶剂	S 值	组别	溶剂	S 值	组别
水	0	VIII	二 烷	3.5	VI
甲醇	3.0	II	乙醇	3.6	II
乙腈	3.2	VI	异丙醇	4.2	II
丙酮	3.4	VI	四氢呋喃	4.5	III

参 考 文 献

[1] 张剑荣，戚苓，方慧群. 仪器分析实验. 北京：科学出版社，1999.

[2] 刘约权，李贵深. 实验化学. 第2版. 北京：高等教育出版社，2005.

[3] 张永忠. 仪器分析. 北京：中国农业出版社，2008.

[4] 方慧群，史坚，倪君蒂. 仪器分析原理. 南京：南京大学出版社，1994.

[5] 北京大学化学系仪器分析教学组. 仪器分析教程. 北京：北京大学出版社，1997.

[6] 赵藻藩，周性尧，张悟铭，赵文宽. 仪器分析. 北京：高等教育出版社，1990.

[7] 戚苓，陈佩琴，翁筠荣，方慧群，史坚. 化学分析与仪器分析实验. 南京：南京大学出版社，1992.

[8] 杨万龙，李文友. 仪器分析实验. 北京：科学出版社. 2008.

[9] 张晓丽. 仪器分析实验. 北京：化学工业出版社. 2010.

[10] 孙尔康，张剑荣总主编，陈国松，陈昌云. 仪器分析实验. 南京：南京大学出版社. 2008.

[11] 董杜英. 现代仪器分析实验. 北京：化学工业出版社. 2008.

[12] 俞英. 仪器分析实验. 北京：化学工业出版社. 2008.

[13] 陈培榕，李景虹，邓勃. 现代仪器分析实验与技术. 第2版. 北京：清华大学出版社. 2006.

[14] 高向阳. 新编仪器分析实验. 北京：科学出版社，2009.

[15] 钱晓容，郁桂云. 仪器分析实验教程. 上海：华东理工大学出版社，2009.

[16] 张剑容，余晓东等. 仪器分析实验. 北京：科学出版社，2008.

[17] 赵文宽等. 仪器分析实验. 北京：高等教育出版社，1997.

[18] Ruzicka J，Hansen E H. Flow Injection Analysis. Second edition.，1988.

[19] 蒋挺大，张春萍. 铬分光光度法测定的改进. 环境化学，1992，11（3）：78-80.

[20] 乐华斌等. 分光光度法同时测定水中 Cr(VI)、Cr(III) 和总铬的条件优化. 工业水处理，2007，27（5）：73-75.

[21] GB 7467-87：水质六价铬的测定——二苯碳酰二肼分光光度法.

[22] 复旦大学化学系编写组. 仪器分析实验. 上海：复旦大学出版社，1986.

[23] 张济新. 仪器分析实验. 北京：高等教育出版社，1994.

[24] 刘钦. 仪器分析实验. 东营：石油大学出版社，1993.

[25] 缪征明. 数理统计在分析化学中的应用. 成都：四川科学技术出版社，1987.

[26] 杨宏礼，鲍承友，张序萍. 概率论与数理统计. 北京：北京邮电大学出版社，2007.

[27] 钱政，王中宇，刘桂礼. 测试误差分析与数据处理. 北京：北京航空航天大学出版社，2008.

[28] 赵文宽等. 仪器分析实验. 北京：高等教育出版社，2002.

[29] 孙毓庆. 分析化学实验. 北京：科学出版社，2004.

[30] 北京大学化学系分析化学教学组编. 基础分析化学实验. 第2版. 北京：北京大学出版社，1998.

[31] 万益群，倪永年. 仪器分析实验. 南昌：江西高校出版社，2003.

[32] 朱明华，胡坪. 仪器分析. 第4版. 北京：高等教育出版社，2008.

[33] 苏克曼，张济新. 仪器分析实验. 第2版. 北京：高等教育出版社，2005.

[34] 李发美，张丹主编. 分析化学实验指导. 第2版. 北京：人民卫生出版社，2004.

[35] 郭景文. 现代仪器分析技术. 北京：化学工业出版社，2004.

[36] 张剑荣，戚苓，方惠群. 仪器分析实验. 北京：科学出版社，1999.